U0179040

營造法式

全本—全注—全译

（中）

〔宋〕李诫 著
萧炳良 注译

團结出版社
UNITY PRESS

卷第十三

瓦作制度

结 瓫

结瓫屋宇之制有二等:

一曰甋瓦:施之于殿、阁、厅、堂、亭、榭等。其结瓫之法:先将甋瓦齐口斫去下棱,令上齐直;次斫去甋瓦身内里棱,令四角平稳,角内或有不稳,须斫令平正。谓之解挢[①]。于平版上安一半圈,高广与甋瓦同。将甋瓦斫造毕,于圈内试过,谓之撺窠[②]。下铺仰瓪瓦。上压四分,下留六分;散瓪仰合,瓦并准此。两甋瓦相去,随所用甋瓦之广,匀分陇行,自下而上。其甋瓦须先就屋上拽勘陇行,修斫口缝令密,再揭起,方用灰结瓫。瓫毕,先用大当沟,次用线道瓦,然后垒脊。

二曰瓪瓦:施之于厅堂及常行屋舍等。其结瓫之法:两合瓦相去,随所用合瓦广之半,先用当沟等垒脊华,乃自上而至下,匀拽陇行。其仰瓦[③]并小头向下,合瓦[④]小头在上。凡结瓫至出檐,仰瓦之下，小连檐之上，用燕颔版[5]，华废[6]之下用狼牙版。若殿宇七间以上，燕颔版广三寸，厚八分，余屋并广二寸，厚五分为率。每长二尺用钉一枚；狼牙版同。其转角合版处，用铁叶裹钉。其当檐所出华头瓪瓦[7]，身内用葱台钉。下入小连檐，勿令透。若六椽以上，屋势紧峻者，于正脊下第四瓪瓦及第八瓪瓦背当中用着盖腰钉。先于栈笆或箔上约度腰钉远近，横安版两道，以透钉脚。

【注释】①解挢（jiǎo）：挢，矫正。就是把瓦烧制过程中不整齐的“棱”斫掉。

②撺窠：瓦斫造完毕厚，需要检验，以保证所有瓦都大小一致。

③仰瓦：凹面向上放的瓦。

④合瓦：凹面向下放，覆盖在左右两陇仰瓦间的缝上。

⑤燕颔版：小连檐固定瓦的瓦扣板。在古代建筑中，连檐是固定檐椽头和飞椽头的连接横木，而连接檐椽的则称为小连檐。

⑥华废：在垂脊之外，两山出际时，瓦陇与垂脊成正角的瓦，清称“排山勾滴”。

⑦华头瓪瓦：一端有瓦当的瓦，清称“勾头”。瓦背上有一个洞，用来钉葱台钉，防止瓦往下滑。

【译文】结宽的规制标准有两等：

一是瓪瓦。放置在殿、阁、厅、堂、亭、榭等建筑上。结宽的做法是：先将瓪瓦齐口砍去下棱，使它平整且直；然后砍去瓦内的里棱，使它四角平稳（四角内不平整的地方，必须砍掉使它平整）。这称为“解挢”。在平版上安放一个半圈（高和宽与瓪瓦一样）。瓪瓦砍平整以后，放在圈内检验，以保证所以瓦都大小一致，称作“撺窠”。下铺仰瓪瓦（上压四分，下留六分，散瓪仰合，瓦作都参照此标准）。两块瓪瓦的间距，参照所用的瓪瓦宽，均匀安放在陇行上，自下而上排列（瓪瓦必须先就屋上拽勘陇行，修缮斫口的缝隙严丝合缝，其次再揭开，最后用灰结宧）。结宧完毕，先用大当沟，其次用线道瓦，最终垒脊。

二是瓪瓦。放置在厅堂和常行屋舍等建筑物上。结宧的做法是：两片合瓦的间距，参照所用合瓦宽度的一半，先用当沟等垒脊以后，其后再从上到下，匀拽陇行（仰瓦小头朝下，合瓦小头朝上）。若在出檐处结宧，就在仰瓦之下，小连檐之上，用燕颔版；在华废之下，用狼牙版（若殿宇超过七间，燕颔版宽三寸，厚八分，余屋都宽二寸，厚五分为标准。长每增加二尺用一枚钉；狼牙版也如此。在转角合板处，用铁叶里钉）。其当檐所出花头瓪瓦，身内用葱台钉（葱台钉向下伸到小连檐，不能穿透）。若六椽以上，屋势紧峻，在正脊下第四瓪瓦和第八瓪瓦瓦背当中用着盖腰钉（先在栈笆或箔上估算腰钉的距离，横向放置两道安板，来固定住穿透的钉脚）。

用 瓦

用瓦之制：

殿阁厅堂等，五间以上，用瓪瓦长一尺四寸，广六寸五分。仰瓪瓦长一尺六寸，广一尺。三间以下，用瓪瓦长二尺二寸，广五寸。仰瓪瓦长一尺四寸，广八寸。

散屋用瓪瓦，长九寸，广三寸五分。仰瓪瓦长一尺二寸，广六寸五分。

小亭榭之类，柱心相去方一丈以上者，用瓪瓦长八寸，广三寸五分。仰瓪瓦长一尺，广六寸。若方一丈者，用瓪瓦长六寸，广二寸五分。仰瓪瓦长八寸五分，广五寸五分。如方九尺以下者，用瓪瓦长四寸，广二寸三分。仰瓪瓦长六寸，广四寸五分。

厅堂等用散瓪瓦者，五间以上，用瓪瓦长一尺四寸，广八寸。

厅堂三间以下，门楼同。及廊屋六椽以上，用瓪瓦长一尺三寸，广七寸。或廊屋四椽及散屋，用瓪瓦长一尺二寸，广六寸五分。以上仰瓦合瓦并同。至檐头，并用重唇瓪瓦[①]。其散瓪瓦结瓮者，合瓦仍用垂尖华头瓪瓦。

凡瓦下铺衬柴栈为上，版栈次之。如用竹笆苇箔[②]，若殿阁七间以上，用竹笆一重，苇箔五重；五间以下，用竹笆一重，苇箔四重；厅堂等五间以上，用竹笆一重，苇箔三重；如三间以下至廊屋，并用竹笆一重，苇箔二重。以上如不用竹笆，更加苇箔两重；若用荻箔，则两重代苇箔三重。散屋用苇箔三重或两重。其柴栈之上，先以胶泥遍泥[③]，次以纯石灰施瓮。若版及笆，箔上用纯、灰结瓮者，不用泥抹，并用石灰随抹施瓮。其柢用泥结瓮者，亦用泥先抹版及笆、箔，然后结瓮。所用之瓦，须水浸过，然后用之。其用泥以灰点节缝[④]者同。若只用泥或破灰泥，及浇灰下瓦者，其瓦更不用水浸。垒脊亦同。

【注释】①重唇瓪瓦：瓦的一端加一道比较厚的边，并沿凸面折角，用于檐口之上，用作合瓦时翘起，用作仰瓦时下垂，清代称“花边瓦”。

②苇箔：用芦苇编成的帘子，可以盖屋顶、铺床或当门帘、窗帘用。

③遍泥：就是普遍抹泥。

④点缝：就是“勾缝”。

【译文】用瓦的规制标准：

殿阁厅堂等，五间以上的，用的甋瓦长一尺四寸，宽六寸五分（仰瓪瓦长一尺六寸，宽一尺）。三间以下的，用的甋瓦长二尺二寸，宽五寸（仰瓪瓦长一尺四寸，宽八寸）。

散屋用甋瓦，长九寸，宽三寸五分（仰瓪瓦长一尺二寸，宽六寸五分）。

小亭谢之类，柱心相距一丈以上的建筑，用的甋瓦长八寸，宽三寸五分（仰瓪瓦长一尺，宽六寸）。若相距一丈的，用的瓦长六寸，宽二寸五分（仰瓪瓦长八寸五分，宽五寸五分）若是相距九尺以下的，用的瓦长四寸，宽二寸三分（仰瓪瓦长六寸，宽四寸五分）。

厅堂等用散瓪瓦的建筑，五间以上的，用的瓪瓦长一尺四寸，宽八寸。

三间以下的厅堂（门楼与此相同），及六椽以上的廊屋，用的瓪瓦长一尺三寸，宽七寸。若是四椽廊屋和散屋，用的瓪瓦长一尺二寸，宽六寸五分（以上仰瓦和合瓦都一样。到檐头，都用重唇瓪瓦。散瓪瓦结窓的，合瓦依旧使用垂尖花头瓪瓦）。

瓦下补衬首选柴栈，版栈次之。若用竹笆苇箔，七间以上的殿阁，用一重竹笆，五重苇箔；五间以下的，用一重竹笆，四重苇箔；五间以上的厅堂等建筑，用一重竹笆，三重苇箔；若三间以下的厅堂及廊屋，都用一重竹笆，二重苇箔（以上若不用竹笆，就加两重苇箔；若用荻箔，就用两重替代三重苇箔）。散屋用三重苇箔或两重。在柴栈上，先全都涂抹胶泥，然后用纯石灰结宼（若板和笆相连，箔上使用纯、灰结窓的，不用泥抹，而是用石灰随抹结窓。只用泥结窓的，也先在板上抹泥及补衬竹笆、苇箔，然后结窓）。所用的瓦，须先用水浸泡，然后再用（跟用泥和用灰来钩缝相同。若只用泥或破灰泥，以及用水来浇湿，瓦就不能用水浸泡。垒脊也是这样）。

垒屋脊

垒屋脊之制：

殿阁：若三间八椽或五间六椽，正脊高三十一层，垂脊低正脊两层。并线道瓦在内。下同。

堂屋：若三间八椽或五间六椽，正脊高二十一层。

厅屋：若间、椽与堂等者，正脊减堂脊两层。余同堂法。

门楼屋：一间四椽，正脊高一十一层或一十三层；若三间六椽，正脊高一十七层。其高不得过厅。如殿门者，依殿制。

廊屋：若四椽，正脊高九层。

常行散屋：若六椽用大当沟瓦者，正脊高七层；用小当沟瓦者，高五层。

营房屋：若两椽，脊高三层。凡垒屋脊，每增两间或两椽，则正脊加两层。殿合加至三十七层止；厅堂二十五层止，门楼一十九层止；廊屋一十一层止；常行散屋大当沟者九层止；小当沟者七层止；营屋五层止。正脊于线道瓦上厚一尺至八寸，垂脊减正脊二寸。正脊十分中上收二分；垂脊上收一分。线道瓦在当沟瓦之上，脊之下，殿阁等露三寸五分，堂屋等三寸，廊屋以下并二寸五分。其垒脊瓦并用本等。其本等用长一尺六寸至一尺四寸瓪瓦者，垒脊瓦只用长一尺三寸瓦。合脊瓪瓦亦用本等。其本等用八寸、六寸瓪瓦者，合脊用长九寸瓪瓦。令合垂脊瓪瓦在正脊瓪瓦之下。其线道上及合脊瓪瓦下，并用白石灰各泥一道，谓之白道。若瓪瓪瓦结瓷，其当沟瓦所压瓪瓦头，并勘缝刻项子，深三分，令与当沟瓦相衔。其殿阁于合脊瓪瓦上施走兽者，其走兽有九品，一曰行龙，二曰飞凤，三曰行师，四曰天马，五曰海马，六曰飞焦，七曰牙鱼，八曰狻狮，九曰獬豸，相间用之。每隔三瓦或五瓦安兽一枚。其兽之长随所用瓪瓦，谓如用一尺六寸瓪瓦，即兽长一尺六寸之类。正脊当沟瓦之下垂铁索，两头各长五尺。以备修缮绾系棚架之用。五间者十条，七间者十二条，九间者十四条，并匀分布用之。若五间以下，九间以上，并约此加减。垂脊之外，横施华头瓪瓦及重唇瓪瓦者，谓之华废。常行屋垂脊之外，顺施瓪瓦相垒者，谓之剪边。

【译文】垒屋脊的规制标准：

殿阁：若是三间八椽或五间六椽，正脊高三十一层，垂脊比正脊低两层（包括线道瓦。下同）。

堂屋：若是三间八椽或五间六椽，正脊高二十一层。

厅屋：若间、椽与堂屋的数量相同，正脊比堂脊低两层（其他的和堂屋的标准一样）。

门楼屋：一间四椽，正脊高十一层或十三层；若是三间六椽，正脊高十七层（高不能超过厅高。若是殿门，则参照建造殿的标准）。

廊屋：若是四椽，正脊高九层。

常行散屋：若是六椽用大当沟瓦的，正脊高七层；用小当沟瓦的，高五层。

营房屋：若是两椽，脊高三层。

垒砌屋脊，每增加两间或者两椽，那么正脊高增加两层（殿阁最多增加到三十七层；厅堂最多增加到二十五层，门楼最多增加到十九层；廊屋最多增加到十一层；用大当沟的常行散屋最多增加到九层，用小当沟的最多增加到七层；营屋最多增加到五层）。正脊在线道瓦之上，厚一尺到八寸，垂脊比正脊少二寸（正脊上收十分之二；垂脊上收十分之一）。线道瓦在当沟瓦之上，屋脊下，殿阁等露出三寸五分，堂屋等露出三寸，廊屋以下都露出二寸五分。垒脊瓦都用本等（其本等用长一尺六寸到一尺四寸瓪瓦的，垒脊瓦只用长一尺三寸的瓦）。合脊瓶瓦也用本等（其本等用八寸、六寸瓶瓦的，合脊用长九寸的瓶瓦）。使合垂脊瓶瓦在正脊瓶瓦之下（其线道上以及合脊瓶瓦之下，都用白石灰各涂抹一道，称作“白道”）。若瓶瓪瓦结窝，其当沟瓦所压瓪瓦头，并勘缝刻项子，深度是三分，使其与当沟瓦相衔。在殿阁到合脊瓪瓦上安放的走兽（走兽有九品：一是行龙，二是飞凤，三是行师，四是天马，五是海马，六是飞鱼，七是牙鱼，八是狻猊，九是獬豸，间杂使用），每隔三瓦或者五瓦安放一枚走兽（其走兽的长由所使用的瓦长而定，如使用一尺六寸的瓦，那么走兽的长就是一尺六寸）。正脊的当沟瓦之下的垂铁索，两头各长五尺（是用来修缮绾系栅架的。五间的用十条，七间的用十二条，九间的用十四条，都均匀分布使用。若是五间以下，九间以上的，大概都据此加减）。垂脊之外，横着安放花头瓪瓦以及重唇瓪瓦的，称为“华废”。在常行屋垂脊之外，顺着安置相互叠加的瓪瓦，称为“剪边”。

用鸱尾

用鸱尾[①]之制：

殿屋八椽九间以上，其下有副阶者，鸱尾高九尺至一丈；无副阶者高八尺。五间至七间，不计椽数。高七尺至七尺五寸，三间高五尺至五尺五寸。

楼阁三层檐者与殿五间同；两层檐者与殿三间同。

殿挟屋[②]，高四尺至四尺五寸。

廊屋之类，并高三尺至三尺五寸。若廊屋转角，即用合角鸱尾。

小亭殿等，高二尺五寸至三尺。凡用鸱尾，若高三尺以上者，于鸱尾上用铁脚子及铁束子安抢铁。其抢铁之上，施五叉拒鹊子。三尺以下不用。身两面用铁鞠。身内用柏木桩或龙尾；唯不用抢铁。拒鹊加襻脊铁索。

【注释】①用鸱尾：固定鸱尾的方法。一种是用抢铁的，一种是用柏木桩或龙尾的。鸱尾，古代宫殿屋脊正脊两端的装饰性构件。

②殿挟屋：又称为挟屋，指附于大建筑边的半截小建筑。元代以后少见。

【译文】制作鸱尾的规制标准：

八椽九间以上，其下有副阶的殿屋，鸱尾高九尺到一丈（没有副阶的高八尺）；五间到七间（不计椽数），鸱尾高七尺到七尺五寸。三间的高则是五尺到五尺五寸。

三层檐的楼阁与五间殿的鸱尾高度一样，两层檐的与三间殿的鸱尾高度一样。

殿挟屋，鸱尾高四尺到四尺五寸。

廊屋之类的房屋，鸱尾高都是三尺到三尺五寸。若是廊屋转角，就用合角鸱尾。

小亭殿等，鸱尾高二尺五尺到三尺。

制作鸱尾的方法，若高三尺以上的，在鸱尾上用铁脚子和铁束子安抢铁。在抢铁上，安五叉拒鹊子（抢铁长小于三尺的不用）。鸱尾身两侧用铁鞠。身内用柏木桩或是龙尾；不用抢铁。拒鹊上安襻脊铁索。

用兽头等

用兽头[①]等之制：

殿阁垂脊兽，并以正脊层数为祖。

正脊三十七层者，兽高四尺；三十五层者，兽高三尺五寸；三十三层者，兽高三尺。三十一层者，兽高二尺五寸。堂屋等正脊兽，亦以正脊层敷为祖。其垂脊并降正脊兽一等用之。谓正脊兽高一尺四寸者，垂脊兽高一尺二寸之类。

正脊二十五层者，兽高三尺五寸；二十三层者，兽高三尺；二十一层者，兽高二尺五寸；一十九层者，兽高二尺。

廊屋等正脊及垂脊兽祖并同上。散屋亦同。

正脊九层者，兽高二尺；七层者，兽高一尺八寸。

散屋等。

正脊七层者，兽高一尺六寸；五层者，兽高一尺四寸。

殿、阁、厅、堂、亭、榭转角，上下用套兽[2]、嫔伽[3]、蹲兽[4]、滴当火珠[5]等。

四阿殿九间以上，或九脊殿十一间以上者，套兽径一尺二寸，嫔伽高一尺六寸；蹲兽八枚，各高一尺；滴当火珠高八寸。套兽施之于子角梁首；嫔伽施于角上，蹲兽在嫔伽之后。其滴当火珠在檐头华头甋瓦之上。下同。

四阿殿七间或九脊殿九间，套兽径一尺；嫔伽高一尺四寸，蹲兽六枚，各高九寸；滴当火珠高七寸。

四阿殿五间，九脊殿五间至七间，套兽径八寸；嫔伽高一尺二寸；蹲兽四枚，各高八寸；滴当火珠高六寸。厅堂三间至五间以上，如五铺作造厦两头者，亦用此制，唯不用滴当火珠。下同。

九脊殿三间或厅堂五间至三间，枓口跳及四铺作造厦两头者，套兽径六寸，嫔伽高一尺，蹲兽两枚，各高六寸；滴当火珠高五寸。

亭榭厦两头者，四角或八角撮尖亭子同。如用八寸甋瓦，套兽径六寸；嫔伽高八寸；蹲兽四枚，各高六寸；滴当火珠高四寸。若用六寸甋瓦，套兽径四寸；嫔伽高六寸；蹲兽四枚，各高四寸；如枓口跳或四铺作，蹲兽只用两枚。滴当火珠高三寸。

厅堂之类，不厦两头者，每角用嫔伽一枚，高一尺；或只用蹲兽一枚，高六寸。

佛道寺观等殿阁正脊当中用火珠等数：

殿阁三间，火珠径一尺五寸，五间，径二尺；七间以上，并径二尺五寸。火珠并两焰，其夹脊两面造盘龙或兽面。每火珠一枚，内用柏木竿一条，亭榭所用同。

亭榭斗尖用火珠等数：

四角亭子，方一丈至一丈二尺者，火珠径一尺五寸；方一丈五尺至二丈者，径二尺。火珠四焰或八焰；其下用圆坐。

八角亭子，方一丈五尺至二丈者，火珠径二尺五寸；方三丈以上者，径三尺五寸。凡兽头皆顺脊用铁钩一条。套兽上以钉安之。嫔伽用葱台钉。滴当火珠坐于华头甋瓦滴当钉之上。

【注释】①兽头：垂脊下端的动物头形雕饰，多为琉璃瓦件。其是从鸱尾发展而来的。到清代还有角兽、背兽等名称。

②套兽：用于子角梁上。

③嫔伽：即仙人，和蹲兽一起放在戗脊上。

④蹲兽：又称走兽，多者可达九种。

⑤滴当火珠：屋檐等上面的圆球火焰形装饰，清代做成光洁的馒头形，叫“钉帽”。

【译文】制作兽头等的规制标准：

殿阁垂脊兽，都从正脊层数开始。

正脊高三十七层，兽高四尺；正脊高三十五层，兽高三尺五寸；

正脊高三十三层，兽高三尺；正脊高三十一层，兽高二尺五寸。

堂屋等正脊兽，也是从正脊层数开始。其垂脊兽高都比正脊兽低一等（如正脊兽高一尺四寸，那么垂脊兽高一尺二寸）。

正脊高二十五层，兽高三尺五寸；正脊高二十三层，兽高三尺；正脊高二十一层，兽高二尺五寸；正脊高十九层，兽高二尺。

廊屋等建筑正脊和垂脊兽的起始同上（散屋亦同）。

正脊高九层，兽高二尺；正脊高七层，兽高一尺八寸。

散屋等建筑。正脊高七层，兽高一尺六寸；正脊高五层，兽高一尺四寸。

殿、阁、厅、堂、亭、榭转角，上下用套兽、嫔伽、蹲兽、滴当火珠等。四阿殿在九间以上的，或是九脊殿在十一间以上的，套兽直径一尺二寸，嫔伽高一尺六寸；有八枚蹲兽，各高一尺；滴当火珠高八寸（套兽安在子角梁的顶端；嫔伽安在角上，蹲兽放在嫔伽后面。滴当火珠安在檐头花头瓪瓦之上。下同）。

七间的四阿殿或九间的九脊殿，套兽直径一尺；嫔伽高一尺四寸；有六枚蹲兽，各高九寸；滴当火珠高七寸。

五间的四阿殿，五间到七间的九脊殿，套兽直径八寸；嫔伽高一尺二寸；有四枚蹲兽，各高八寸；滴当火珠高六寸（三间到五间以上的厅堂，如五铺作厦两头的，也参照此标准，只是不用滴当火珠。下同）。

三间的九脊殿或五间到三间的厅堂，枓口出跳及四铺作厦两头的，套兽直径六寸，嫔伽高一尺，有两枚蹲兽，各高六寸；滴当火珠高五寸。

厦两头的亭榭（或是四角或八角的撮尖亭子），若用八寸瓪瓦，套兽直径六寸；嫔伽高八寸；有四枚蹲兽，各高六寸；滴当火珠高四寸。若用六寸瓪瓦，套兽直径四寸；嫔伽高六寸；由四枚蹲兽，各高四寸（若枓口出跳或者四铺作，只用两枚蹲兽）；滴当火珠高三寸。

厅堂之类的，不造厦两头的建筑，每个角用一枚嫔伽，高一尺；

或只用一枚蹲兽，高六寸。

佛道寺观等殿阁正脊当中用火珠等数：

三间的殿阁，火珠直径一尺五寸，五间的殿阁，火珠直径二尺；七间以上的殿阁，火珠直径二尺五寸（火珠都是两焰，在其夹脊两面制作盘龙或兽面。每一枚火珠，里面用一条柏木竿，亭榭所用与此相同）。

亭谢斗尖用火珠等数：

四角的亭子，四柱到柱心的距离是一丈到一丈二尺的，火珠直径是一尺五寸；四柱到柱心的距离是一丈五尺到二丈的，火珠直径是二尺（火珠做四焰或八焰；其下用圆形的底座）。

八角的亭子，四柱到柱心的距离是一丈五尺到二丈的，火珠直径是二尺五寸；四柱到柱心的距离是三丈以上的，直径是三尺五寸。

兽头都顺着屋脊用一条铁钩固定。套兽上用钉子钉牢。嫔伽用葱台钉固定。滴当火珠坐在花头甋瓦滴当钉上。

泥作制度

垒墙

垒墙之制：高广随间。每墙高四尺，则厚一尺。每高一尺，其上斜收六分。每面斜收向上各三分。每用坯墼三重，铺襻竹一重。若高增一尺，则厚加二寸五分；减亦如之。

【注释】①垒墙：垒砌土坯墙。墙，指土坯墙，它是将黏土、木纤维、狗尾草、稻草的桔梗等混合到一起垒成的墙，属于土墙。

②墼（jī）：未经烧制的砖坯，即土坯。

【译文】垒墙的规制标准：高和宽由开间而定。墙高每四尺，那么厚一尺。高每一尺，墙上斜收六分。每面往上各斜收三分。每用三重坯墼，就铺一重襻竹。若高增加一尺，那么厚增加二寸五分；减少的比例也是这样。

用泥

其名有四：一曰垷；二曰墐；三曰涂；四曰泥

用石灰等泥涂之制：先用粗泥搭络不平处，候稍干，次用中泥趁平；又候稍干，次用细泥为衬；上施石灰泥毕，候水脉[①]定，收压五遍，令泥面光泽。干厚一分三厘，其破灰泥不用中泥。

合红灰：每石灰一十五斤，用土朱五斤，非殿阁者用石灰一十七斤，土朱三斤。赤土一十一斤八两。

合青灰：用石灰及软石炭[②]各一半。如无软石炭，每石灰一十斤，用粗墨一斤或墨煤一十一两，胶七钱。

合黄灰：每石灰三斤，用黄土一斤。

合破灰：每石灰一斤，用白蔑土四斤八两。每用石灰十斤，用麦麸[③]九斤。收压两遍，令泥面光泽。

细泥：一重作灰衬用。方一丈，用麦䴬[④]一十五斤。城壁增一倍。粗泥同。

粗泥：一重方一丈，用麦䴬八斤。搭络及中泥作衬减半。

粗细泥：施之城壁及散屋内外。先用粗泥，次用细泥，收压两遍。

凡和石灰泥，每石灰三十斤，用麻捣[⑤]二斤。其和红、黄、青灰等，即通计所用土朱，赤土、黄土、石灰等斤数在石灰之内。如青灰内，若用墨煤或粗墨者，不计数。若矿石灰，每八斤可以充十斤之用。每矿石灰三十斤，加麻捣一斤。

【注释】①水脉：指泥中所含水份。

②软石炭：就是泥煤。

③麦（yì）：破碎的麦壳。

④䴴（juān）：麦叶。

⑤麻捣：亦作“麻刀”。用碎麻掺和石灰，用来涂墙。

【译文】使用石灰等泥涂的规制标准：先用粗泥填补不平的墙面，等稍稍干了，然后用中泥抹平；又等稍稍干了，然后用细泥作衬；最后抹石灰泥，等灰泥吸收了水分，还没有变硬的时候，用抹子收压五遍，使墙面表面光滑（干了之后泥层厚一分三厘，其破灰泥不用中泥）。

合红灰：每十五斤石灰，用五斤土朱（不是殿阁的用十七斤石灰和三斤土朱），十一斤八两赤土。

合青灰：用石灰和软石炭各一半。若没有软石炭，就每十斤石灰，用一斤粗墨或十一两黑煤，七钱胶。

合黄灰：每三斤石灰，用一斤黄土。

合破灰：每一斤石灰，用四斤八两白篾土。每十斤石灰，用九斤麦䴬。用抹子收压两遍，使墙面光滑。

细泥：先抹一层（当作灰衬），方一丈，用十五斤麦䴴（城壁增加一倍。粗泥同细泥一样）。

粗泥：先抹一层作灰衬，方一丈，用八斤麦䴴（填补和中泥作衬要减一半）。

粗细泥：涂抹到城墙和散屋的内外。先用粗泥，再用细泥，用抹子收压两遍。

和石灰泥，每三十斤石灰，用二斤麻捣（中和红灰、黄灰、青灰等，就是要将所用的土朱、赤土、黄土、石炭等数量都算到石灰内。如和青灰，若用黑煤或粗墨，就不用算在内）。若是矿石灰，每八斤可以当十斤用（每三十斤矿石灰，加一斤麻捣）。

画 壁

造画壁之制：先以粗泥搭络毕，候稍干，再用泥横被竹篾一重，以泥盖平，又候稍干，钉麻华，以泥分披令匀，又用泥盖平；以上用粗泥五重，厚一分五厘。若拱眼壁，只用粗细泥各一重，上施沙泥，收压三遍。方用中泥细衬，泥土施沙泥，候水脉定，收压十遍，令泥面光泽。凡和沙泥，每白沙二斤，用胶土一斤，麻捣洗择净者七两。

【注释】①画壁：作壁画用的墙壁，它是先用竹篾编墙，墙上抹泥后，在用白土刷白。

【译文】造画壁的规制标准：先用粗泥抹平墙壁，等稍干后，再用泥横被一重竹篾，用泥盖平，又稍等干了，钉麻华，用泥分披均匀，用泥盖平了（以上用五重粗泥，厚一分五厘。若是栱眼壁，各用一重粗泥细泥，其上抹沙泥，用抹子收压三遍）；然后抹中泥细衬，泥上铺设沙泥，等灰泥吸收了水分，还没有变硬的时候，用抹子收压十遍，使墙面光滑、平整。和沙泥的时候，每二斤白沙，用一斤胶土，用挑选洗净的麻捣七两。

立灶转烟、直拔

造立灶之制：并台共高二尺五寸。其门、突之类，皆以锅口径一尺为祖加减之。锅径一尺者一斗；每增一斗，口径加五分，加至一石止。

转烟连二灶：门与突[①]并隔烟后。

门：高七寸，广五寸。每增一斗，高广各加二分五厘。

身：方出锅口径四周各三寸。为定法。

台：长同上，广亦随身，高一尺五寸至一尺二寸。一斗者高一尺五寸；每加一斗者，减二分五厘，减至一尺二寸五分止。

腔内后项子：高同门、其广二寸，高广五分。项子内斜高向上入突，谓之抢烟；增减亦同门。

隔烟：长同台，厚二寸，高视身出一尺。为定法。

隔锅项子：广一尺，心内虚，隔作两处，令分烟入突。

直拔立灶：门及台在前，突在烟匮之上。自一锅至连数锅。

门、身、台等：并同前制。唯不用隔烟。

烟匮子：长随身，高出灶身一尺五寸，广六寸。为定法。

山华子：斜高一尺五寸至二尺，长随烟匮子，在烟突两旁匮子之上。

凡灶突，高视屋身，出屋外三尺。如时暂用，不在屋下者，高三尺。突上作鞾头出烟。其方六寸。或锅增大者，量宜加之。加至方一尺二寸止。并以石灰泥饰。

【注释】①突：烟囱

【译文】建造立灶的规制标准：连着灶台总高二尺五寸。其灶门、烟囱之类的尺寸，都以锅口直径一尺为标准来确定大小尺寸（锅直径一尺的就是一斗；每增加一斗，锅口直径增加五分，最多加到一石）。

转烟连二灶：灶门和烟囱都在隔烟之后。

门：高七寸，宽五寸（每增加一斗，高和宽各增加二分五厘）。

身：边长比锅口直径四周各多出三寸（以此为标准）。

台：长同上，宽由灶身长而定，高一尺五寸到一尺二寸（一斗的高一尺五寸；每增加一斗，减少二分五厘，减到一尺二寸五分为止）。

腔内后项子：高同门、宽二寸，高和宽各五分（项子内斜向上插入烟囱，称为“抢烟”；增减同门）。

隔烟：长同台，厚二寸，高比灶身多一尺（以此为标准）。

隔锅项子：宽一尺，内中空，分隔作两处，使烟分别散入烟囱。

直拔立灶：门和台在前，烟囱在烟匮上（从一锅到连数锅）。

门、身、台等：参照之前的规制标准。仅仅不用隔烟。

烟匮子：长由灶身而定，高比灶身多一尺五寸，宽六寸（以此为标准）。

山华子：斜高一尺五寸到二尺，长由烟匮子而定，在烟囱两旁的匮子上。

烟囱的高由屋身而定，出屋外三尺（若是临时用的，露天的，高三尺。烟囱上作鞾头出烟），方六寸。若锅增大，就根据实际的情况建造烟囱。方最多增加到一尺二寸。并以石灰泥作涂饰。

釜镬灶

造釜镬灶[①]之制：釜灶，如蒸作用者，高六寸。余并入地内。

其非蒸作用，安铁甑[2]或瓦甑者，量宜加高，加至三尺止。镬灶高一尺五寸。其门、项之类，皆以釜口径每增一寸，镬口径每增一尺为祖加减之。釜口径一尺六寸者一石；每增一石，口径加一寸，加至一十石止。镬口径三尺，增至八尺止。

釜灶[3]：釜口径一尺六寸。

门：高六寸，于灶身内高三寸，余入地。广五寸。每径增一寸，高、广各加五分。如用铁甑者，灶门用铁铸造，及门前后各用生铁版。

腔内后项子高、广，抢烟及增加并后突，并同立灶之制。如连二或连三造者，并垒向后，其向后者，每一釜加高五寸。

镬灶[4]：镬口径三尺。用砖垒造。

门：高一尺二寸，广九寸。每径增一尺，高、广各加三寸。用铁灶门，其门前后各用铁版。

腔内后项子：高视身。抢烟同上。若镬口径五尺以上者，底下当心用铁柱子。

后驼项突：方一尺五寸。并二坯垒。斜高二尺五寸，曲长一丈七尺。令出墙外四尺。

凡釜镬灶面并取圜，泥造。其釜镬口径四周各出六寸。外泥饰与立灶同。

【注释】①釜镬（huò）灶：指釜灶和镬灶。

②甑（zèng）：古代蒸饭的一种瓦器。底部有许多透蒸气的孔格，置于鬲上蒸煮，如同现代的蒸锅。

③釜灶：相当于现在的烫火锅，人们将柴火放在灶下点燃，锅内就可以煮烫食物。

④镬灶：也称灶镬、锅灶，由三个足架空，可以燃火，两耳用铉（铜钩）和扁（横杠）抬举。

【译文】建造釜镬灶的规制标准：釜灶，如用来蒸饭的，高六寸（其余部分都在地下）。若不是用来蒸饭的，放铁甑或瓦甑的，根据实际情况加高，最多加到三尺。镬灶高一尺五寸。灶门、后项子之类的部件，都以釜口直径每增加一寸，镬口直径每增加一尺为标准，而进行增减（釜口直径是一尺六寸的为一石；每增加一石，口的直径增加一寸，最多增加到十石。镬口直径三尺，最多增加到八尺为止）。

釜灶：釜口直径一尺六寸。

门：高六寸（在灶身内高三寸，其余部分都在地下），宽五寸（直径每增加一寸，高和宽各增加五分。若是放铁甑的，灶门要用铁铸造，灶门的前后各用生铁版）。

腔内后项子高、宽，抢烟以及增加都和后烟囱一样，参照建造立灶的标准（如连二灶或者连三灶的，都是向后垒砌，其向后的尺寸，每一釜加高五寸）。

镬灶：镬口直径三尺（用砖垒造）。

门：高一尺二寸，宽九寸（直径每增加一尺，高宽各增加三寸。使用铁灶门，其门前后各使用铁版）。

腔内后项子：高由身长而定（抢烟同上）。若镬口的直径大于五尺，底下中心用铁柱子。

后驼项突：边长一尺五寸（并二坯垒）。斜高二尺五寸，曲长一丈七尺（出墙外四尺）。

釜镬灶面都做成圆形，用泥制作。其釜镬口的直径四周各多六寸。外面和立灶一样用泥涂饰。

茶 炉

造茶炉[1]之制：高一尺五寸。其方广等皆以高一尺为祖加减之。

面：方七寸五分。

口：圜径三寸五分，深四寸。

吵眼：高六寸，广三寸。内抢风斜高向上八寸。

凡茶炉，底方六寸，内用铁燎杖八条。其泥饰同立灶之制。

【注释】①茶炉：古代烹茶用的小炉灶。

【译文】制作茶炉的规制标准：高一尺五寸。其边长、宽等尺寸都以高一尺为标准而加减。

面：宽七寸五分。

口：直径三寸五分，深四寸。

吵眼：高六寸，宽三寸。里边的抢风斜高向上八寸。

茶炉，底部宽六寸，里边用八条铁燎杖。其泥饰参照立灶的做法。

垒射垛

垒射垛之制：先筑墙，以长五丈，高二丈为率。墙心内长二丈，两边墙各长一丈五尺；两头斜收向里各三尺。上垒作五峰。其峰之高下，皆以墙每一丈之长积而为法。

中峰：每墙长一丈，高二尺。

次中雨峰：各高一尺二寸。其心至中峰心各一丈。

两外峰：各高一尺六寸。其心至次中两峰各一丈五尺。

子垛：高同中峰。广减高一尺，厚减高之半。

两边踏道：斜高视子垛，长随垛身。厚减高之半，分作一十二踏；每踏高八寸三分，广一尺二寸五分。

子垛上当心踏台：长一尺二寸，高六寸，面广四寸。厚减面之半，分作三踏，每一尺为一踏。

凡射垛五峰，每中峰高一尺，则其下各厚三寸；上收令方，减下厚之半。上收至方一尺五寸止。其两峰之间，并先约度上收之广。相对垂绳，令纵至墙上，为两峰顱内圆势。其峰上各安莲华坐瓦火珠各一枚。当面以青石灰，白石灰，上以青灰为绿泥饰之。

【注释】①射垛：土筑的箭靶。不是城墙上防御敌人的射垛，而是宫墙上用来装饰的射垛。

【译文】垒射垛的规制标准：先筑墙，以长五丈、高二丈为标准（墙心内长二丈，两边墙各长一丈五尺；两头各向里斜收三尺）。墙上垒作五峰。峰的高低，都以墙每丈长一百为标准。

中峰：墙每长一丈，高二尺。

次中两峰：各高一尺二寸（其中心到中峰中心的距离各一丈）。

两外峰：各高一尺六寸（其中心到次中两峰的距离各一丈五尺）。

子垛：高和中峰一样（宽比高少一尺，厚是高的一半）。

两边踏道：斜高由子垛而定，长由垛身而定（厚是高的一半，分作十二踏；每踏高八寸三分，宽一尺二寸五分）。

子垛上当心踏台：长一尺二寸，高六寸，面宽四寸（厚是面宽的一半，分作三踏；一踏宽一尺）。

射垛有五峰，中峰每高一尺，那么其下各厚三寸；往上斜收构成方形，减到厚的一半（往上斜收到方长是一尺五寸为止。两峰之间，先算向上斜收的宽度。相对垂绳，绳纵向垂到墙上，形成两峰内圜势）。峰上安放莲华坐瓦和火珠各一枚。正面用青石灰，白石灰抹平，上面边缘用青灰泥涂饰。

卷第十四

彩画作制度

总制度

彩画[①]之制：先遍衬地，次以草色和粉，分衬所画之物。其衬色上，方布细色或叠晕[②]，或分间剔填。应用五彩装及叠晕碾玉装者[③]，并以赭笔描画。浅色之外，并旁描道量留粉晕。其余并以墨笔描画。浅色之外，并用粉笔盖压墨道。

衬地之法：

凡枓、栱、梁、柱及画壁，皆先以胶水遍刷。其贴金地从鳔胶水[④]。

贴真金地：候鳔胶水干，刷白铅粉[⑤]；候干，又刷；凡五遍。次又刷土朱铅粉，同上。亦五遍。上用熟薄胶水贴金，以绵按，令着实；候干，以玉或玛瑙或生狗牙斫令光。

五彩地：其碾玉装，若用青绿叠晕者同。候胶水干，先以白土[⑥]遍刷；候干，又以铅粉刷之。

碾玉装或青绿棱间者：刷雌黄合绿者同。候胶水干，用青淀和茶土刷之，每三分中，一分青淀，二分茶土。

沙泥画壁：亦候胶水干，以好白土纵横刷之。先立刷，候干，次横刷，各一遍。

调色之法：

白土：茶土同。先拣择令净，用薄胶汤。凡下云用汤者同，其称热汤者非，后同。浸沙时，候化尽，淘出细华，凡色之极细而淡者皆谓之华，后同。入别器中，澄定，倾去清水，量度再入胶水用之。

铅粉：先研令极细，用稍浓水和成剂，如贴真金地，并以鳔胶水和之。再以热汤浸少时，候稍温，倾去；再用汤研化，令稀稠得所用之。

代赭石⑦：土朱、土黄同。如块小者不捣。先捣令极细，次研；以汤淘取华。次取细者；及澄去，砂石，粗脚不用。

藤黄：量度所用，研细，以热汤化，淘去砂脚，不得用胶，笼罩粉地用之。

紫矿：先擘开，捋去心内绵无色者，次将面上色深者，以热汤捻取汁，入少汤用之。若于华心内斡淡或朱地内压深用者，熬令色深浅得所用之。

朱红：黄丹同。以胶水调令稀稠得所用之。其黄丹用之多涩燥者，调时用生油一点。

螺青：紫粉同。先研令细，以汤调取清用。螺青澄去浅脚，充合碧粉用；紫粉浅脚充合朱用。

雌黄：先捣次研，皆要极细；用热汤淘细笔于别器中，澄去清水，方入胶水用之。其淘澄下粗者，再研再淘细笔方可用。忌铅粉黄丹地上用。恶石灰及油不得相近。亦不可施之于缣素⑧。

衬色之法：

青：以螺青合铅粉为地。铅粉二分，螺青一分。

绿：以槐华汁合螺青铅粉为地。粉青同上。用槐华一钱熬汁。

红：以紫粉和黄丹为地。或只用黄丹。

取石色之法：

生青、层青同。石绿、朱砂：并各先捣令略细；若浮淘青，但研令细。用汤淘出，向上土、石、恶水不用；收取近下水内浅色，入别器中。然后研令极细，以汤淘澄，分色轻重，各入别器中。先取水内色淡者，谓之青华；石绿者谓之绿华，朱砂者谓之朱华。次色稍深者，谓之三青。石绿谓之三绿，朱砂谓之三朱。又色渐深者，谓之二青；石绿谓之二绿，朱砂谓之二朱。其下色最重者，谓之大青；石绿谓之大绿，朱砂谓之深朱。澄定，倾去清水，候干收之。如用时，量度入胶水用之。

五色之中，唯青、绿、红三色为主，余色隔间品合而已。其为用亦各不同。且如用青、自大青至青华，外晕用白；朱、绿同。大青之内，用墨或矿汁压深，此只可以施之于装饰等用，但取其轮奂鲜丽，如组绣华锦之文尔。至于穷要妙夺生意，则谓之画。其用色之制，随其所写，或浅或深，或轻或重，千变万化，任其自然，虽不可以立言。其色之所相，亦不出于此。唯不用大青、大绿、深朱、雌黄、白土之类。

【注释】①彩画：古代在木构件上施以颜色涂饰，从而达到美化建筑和保护木材目的的一种装饰方法。

②叠晕：古建筑彩画方法之一。利用同一颜色调出二至四种色阶再依次排列绘制的手法。宋代在南北朝壁画“晕染”技法的基础上发展出“叠晕”画法，主要用在木构件的边棱部分，能够使物象产生浑圆之感。明清时多称这种画法为“退晕”。

③碾玉装：建筑彩画作制度之一，等级仅次于五彩遍装。色调以青、绿为主，多层叠晕，外留白晕，宛如磨光的碧玉，故名“碾玉装”。有时局部也用五彩或红色作为点缀。

④鳔（biào）胶水：用鱼鳔或猪皮等熬制的胶。黏性大，多用来粘木器。

⑤铅粉：用铅矿磨成的细粉，为白色粉末，是古代调色材料之一，用于绘制油漆彩画。

⑥白土：用贝壳化制的打底、调色材料，用于刷白墙壁和绘制油漆彩画。

⑦代赭（zhě）石：为氧化物类矿物赤铁矿的矿石。

⑧缣（jiān）素：指细绢、书册或书画。

【译文】彩画的规定：先是全面衬地，然后再用草色和粉，分衬所画的物品。在衬色上，方布精细着色，或者用叠晕的方式，或者做分间剔填。对于应用五彩装以及叠晕碾玉装的，都采用红笔描画的形式。在浅色以外，都在描边旁留出做粉晕的地方，其余都采用墨笔描画的形式。在浅色之外，都用粉色笔迹遮盖住墨色的痕迹。

衬地的规定：

但凡枓、栱、梁、柱和画壁，都是先刷满胶水（使用鳔胶水来贴金边）。

贴真金地：等鳔胶水干了之后，再刷白铅粉；等白铅粉干了之后，再刷；一共刷满五遍。然后又刷一遍土朱铅粉（同上），也刷五遍

（上面使用熟薄胶水来贴金，再用绵按压，把它压实：等它干了之后，用玉或玛瑙或生狗牙磨平，使表面变得光滑）。

五彩地（呈碾玉装，假如用青绿叠晕的方式也是一样）：等胶水干了之后，先刷满白土；等白土干了之后，再刷满铅粉。

用碾玉装或青绿棱间的方法（刷雌黄合绿的也是同样）：等胶水干之后，刷满青淀和茶土（每三分中，青淀占据三分之一，茶土占据剩下的三分之二）。

沙泥画壁：也要等胶水干了之后，纵横刷满好白土（先竖着刷，干了之后，再横着刷，各刷一遍）。

调色的方法：

白土（茶土也是如此）：先拣择使它干净，再用薄胶汤浸泡（凡是以下提到的用汤都与其相同，这和被叫做热汤的不一样，后同）。浸沙时，等完全融化，淘出细华（凡是色极细而淡的都被叫做“华”，后同），放入其他容器中，沉淀一会，倒掉清水，再适量放入胶水中使用。

铅粉：先研磨到极细，用稍浓的胶水混合成溶剂（要是做贴真金地，都用鳔胶水来混合），再用热汤浸泡一会，等泡到稍温之后，倒掉上面的水；再用汤混合，让它稀稠得当就能用了。

代赭石（土朱、土黄也如此。要是块小则不用捣细）：先捣让它变的极细，再研磨；用汤淘后取华。再取出细的；等沉淀后，取出不用的砂石、粗脚。

藤黄：适量取出，研磨到极细，用热汤融化，淘去砂脚，不能使用胶水（在笼罩粉地的时候用藤黄）。

紫矿：先掰开，取出里面无色的部分，再将面上颜色深的部分，用热汤捻出汁，加入少量汤就能用了。要是用在花心内斡淡或朱地里压深，熬到颜色深浅得当就能使用了。

朱红（黄丹也如此）：用胶水调和到它稀稠得当就能使用（黄丹用时大多比较滞涩干燥，调入一点生油即可）。

螺青（紫粉也如此）：先研磨到极细，用汤来调和再取出清的部分使用（螺青澄后去浅脚，作碧粉用；紫粉的浅脚作朱红用）。

雌黄：先捣碎再研磨，都要弄得极细；用热汤淘出细华后放到其它容器中，澄去清水，再放入胶水使用（淘洗澄清后粗的部分，要再研磨再淘出细华后才能使用）。铅粉和黄丹忌讳在地上使用。石灰和油不能挨得太近（也不能用在缣素上）。

衬色的方法：

青：用螺青混合铅粉为地（其中铅粉要占三分之二，螺青占据三分之一）。

绿：用槐花汁混合螺青铅粉为地（铅粉和螺青的混合比例同上。用槐花一钱熬汁）。

红：用紫粉混合黄丹为地（或者只用黄丹）。

取石色的方法：

生青（层青如此）、石绿、朱砂：分别先捣到稍细（要是漂浮淘青，就再研磨让它更细）；用汤淘出，上面的土、石、脏水不要；收取靠近下水里的浅色部分（倒入其它容器中），然后研磨让它变得极细，用汤淘澄，辨别颜色轻重，分别倒入其它容器中。先取水中颜色淡的部分，称为“青华”（石绿的称为“绿华”，朱砂的称为“朱华”）；颜色稍深的部分，称为“三青”（石绿的称为“三绿”，朱砂的称为“三朱”）；颜色再有更深的，称为“二青”（石绿的称为“二绿”，朱砂的称为“二朱”）；颜色最重的，称为“大青”（石绿的称为“大绿”，朱砂的称为“深朱”）；澄清后，倒掉清水，等干了之后收取。到了要用的时候，再适量加入胶水就可以了。

五色之中，为青、绿、红三色为主，其余颜色只是隔间品合罢了。其使用的方法也各有各的不同。比如使用青色，从大青至青华，外晕则用白色（朱、绿如此）；在大青中用墨或矿汁压深，此只能用在装饰之类，但取其轮奂鲜丽的部分，像组绣华锦的文尔。至于那些精致美妙、活灵活现的装饰，则叫做“画”。其用色的规定，依据其所写，有的浅有的深，有的轻有的重，千变万化，自由发展，即使用语言也不能全部表达出来。其颜色的相关内容，也不会超出这些了（只是不用大青、大绿、深朱、雌黄、白土等颜色）。

五彩遍装

五彩遍装[①]之制：梁、栱之类、外棱四周皆留缘道，用青、绿或朱叠晕，梁栿之类缘道，其广二分。枓栱之类，其广一分。内施五彩诸华间杂，用朱或青、绿剔地，外留空缘，与外缘道对晕。其空缘之广，减外缘道三分之一。

华文有九品：一曰海石榴华，宝牙华、太平华之类同。二曰宝相华，牡丹华之类同。三曰莲荷华，以上宜于梁、额、橑檐方、椽、柱、枓、栱、材、昂栱眼壁及白版内；凡名件之上，皆可通用。其海石榴，若华叶肥大，不见枝条者，谓之铺地卷成，若华叶肥大而微露枝条者，谓之枝条卷成；并亦通用，其牡丹华及莲荷华，或作写生画者，施之于梁、额或栱眼壁内。四曰团窠宝照，团窠柿带，方胜合罗之类同；以上宜于方、桁、枓、栱内飞子面，相间用之。五曰圈头合子，六曰豹脚合晕，梭身合晕，连珠合晕、偏晕之类同；以上宜于方、桁内，飞子及大、小连檐用之。七曰玛瑙地，玻璃地之类同；以上宜于方、桁、枓内相间用之。八曰鱼鳞旗脚，宜于梁、栱下相间用之。九曰圈头柿蒂。胡玛瑙之类同；以上宜于枓内相间用之。

琐文有六品：一曰琐子，联环琐、玛瑙琐、叠环之类同。二曰簟文，金铤、文银铤、方环之类同。三曰罗地龟文，六出龟文、交脚龟文之类同。四曰四出，六出之类同；以上宜以橑檐方、槫柱头及枓内；其四出、六出，亦宜于栱头、椽头、方、桁相间用之。五曰剑环，宜于枓内相间用之。六曰曲水，或作王字及万字，或作枓底及钥匙头，宜于普拍方内外用之。

凡华文施之于梁、额、柱者，或间以行龙、飞禽、走兽之类于华内，其飞、走之物，用赭笔描之于白粉地上，或更以浅色拂淡。若五彩及碾玉装华内，宜用白画；其碾玉华内者，亦宜用浅色拂淡，或以五彩装饰。如方、桁之类，全用龙、凤、走、飞者，则遍地以云文补空。

飞仙之类有二品：一曰飞仙；二曰嫔伽。共命鸟之类同。

飞禽之类有三品：一曰凤皇，鸾、鹤、孔雀之类同。二曰鹦鹉，山鹧、练鹊、锦鸡之类同。三曰鸳鸯。溪鸂、鹅、鸭之类同。其骑跨飞禽人物有五品：一曰真人；二曰女真；三曰仙童；四曰玉女；五曰化生。

走兽之类有四品：一曰狮子，麒麟、狻猊、獬豸之类同。二曰天马。海马、仙鹿之类同。三曰羚羊。山羊、华羊之类同。四曰白象。驯犀、黑熊之类同。其骑跨、牵拽走兽人物有三品：一曰拂菻；二曰獠蛮；三曰化生。若天马、仙鹿、羚羊，亦可用真人等骑跨。

云文有二品：一曰吴云；二曰曹云。蕙草云、蛮云之类同。

间装之法：青地上华纹，以赤黄、红、绿相间；外棱用红叠晕，红地上，华文青、绿，心内以红相间；外棱用青或绿叠晕。绿地上华文，以赤黄、红、青相间；外棱用青、红、赤黄叠晕。其牙头青绿地，用赤黄牙；朱地以二绿，若枝条绿地用藤黄汁罩，以丹华或薄矿水节淡；青红地，如白地上单枝条，用二绿，随墨以绿华合粉罩，以三绿、二绿节淡。

叠晕之法：自浅色起，先以青华，绿以绿华，红以朱华粉。次以三青，绿以三绿、红以三朱。次以二青，绿以二绿，红以二朱。次以大青。绿以大绿、红以深朱。大青之内，以深墨压心。绿以深色草汁罩心；朱以深色紫矿罩心。青华之外，留粉地一晕。红绿准此，其晕内二绿华，或用藤黄汁罩；如华文、缘道等狭小，或在高远处，即不用三青等及深色压罩。凡染赤黄，先布粉地，次以朱华合粉压晕，次用藤黄通罩，次以深朱压心。若合草绿汁，以螺青华汁，用藤黄相和，量宜入好，墨数点及胶少许用之。

叠晕之法：凡枓、栱、昂及梁、额之类，应外棱缘道并令深色在外，其华内剔地色，并浅色在外，与外棱对晕，令浅色相对。其华叶等晕，并浅色在外，以深色压心。凡外缘道用明金者，梁栿、枓栱之类、金缘之广与叠晕同。金缘内用青或绿压之。其青、绿广比外缘五分之一。

凡五彩遍装，柱头，谓额入处。作细锦或琐文，柱身自柱櫍上亦作细锦，与柱头相应，锦之上下，作青、红或绿叠晕一道；其身内作海石榴等华，或于华内间以飞凤之类。或于碾玉华内间以五彩飞凤之类，或间四入瓣窠，或四出尖窠。窠内开以化生或龙凤之类。櫍作青瓣或红瓣叠晕莲华。檐额或大额及由额两头近柱处，作三瓣或两瓣如意头角叶，长加广之半。如身内红地，即以青地作碾玉，或亦用五彩装。或随两边缘道作分脚如意头。椽头面子，随径之圜，作叠晕莲华，青、红相间用之；或作出焰明珠，或作簇七车钏明珠，皆浅色在外。或作叠晕宝珠，深色在外。令近上，叠晕向下棱，当中点粉为宝珠心；或作叠晕合螺玛瑙。近头处作青、绿、红晕子三道，每道广不过一寸。身内作通用六等华，外或用青、绿、红地作团窠，或方胜，或两尖，或四入瓣。白地外用浅色，青以青华、绿以绿华、朱以朱彩圈之。白地内随瓣之方圜，或两尖或四入瓣同。描华，用五彩浅色间装之。其青、绿、红地作团窠、方胜等，亦施之枓、栱、梁栿之类者，谓之海锦，亦曰净地锦。飞子作青、绿连珠及棱身晕，或作方胜，或两尖、或团窠、两侧壁，如下面用遍地华，即作两晕青、绿棱间；若下面素地锦，作三晕或两晕青绿棱间，飞子头作四角柿蒂。或作玛瑙。如飞子遍地华，即椽用素地锦。若椽作遍地华，即飞子用素地锦。白版或作红、青、绿地内两尖窠素地锦。大连檐立面作三角叠晕柿蒂华。或作霞光。

【注释】①五彩遍装：为宋朝建筑彩画中最华丽的一种，这种彩画在建筑的每个构件上都绘有五色花纹，其用色以青、绿、红为主，余色隔间品合。着色采用叠晕间装之法。

【译文】五彩遍装的规定：梁、栱等外棱的四周全部留出缘道的地方，用青色、绿色或朱色做叠晕（梁栿之类的缘道，其宽二分。枓栱之类的缘道，其宽一分），里面间杂有五彩诸花，用朱色或青色、绿色做剔地，外留空边，与外缘道做对晕（其空边留出的宽度，比外缘道还要少三分之一）。

花纹有九品：第一是海石榴花（宝牙花、太平花等与之相同），第二是宝相花（牡丹花等与之相同），第三是莲荷花（以上在梁、额、橑檐枋、椽、柱、枓、栱、材、昂栱眼壁及白版内适用；但凡在这些构件之上，都能通用。其海石榴花，要是花叶肥大，且看不见枝条，就被称为“铺地卷成”；要是花叶肥大且微微露出枝条的，就被称为“枝条卷成”；两者都通用，其牡丹花和莲荷花，或者做写生画，用于梁、额或栱眼壁内），第四是团窠宝照（团窠柿带、方胜合罗等与之相同；以上适合在方、桁、枓、栱内飞子面间隔使用），**第五是圈头合子；第六是豹脚合晕**（棱身合晕，连珠合晕、偏晕等与之相同；以上适合在方、桁内飞子及大、小连檐面间隔使用），**第七是玛瑙地**（玻璃地等与之相同；以上适合在方、桁、枓内间隔使用），**第八是鱼鳞旗脚**（适合在梁、栱下间隔使用），**第九是圈头柿蒂**（胡玛瑙等与之相同；以上适合在枓内间隔使用）。

琐纹有六品：第一是琐子（联环琐、玛瑙琐、叠环等与之相同），**第二是簟纹**（金铤、文银铤、方环等与之相同），**第三是罗地龟纹**（六出龟纹、交脚龟纹等与之相同），**第四是四出**（六出等与之相同；以上在橑檐枋、槫柱头及枓内适用；其四出、六出，也适合在栱头、椽头、方、桁间隔使用），**第五是剑环**（适合在枓内间隔使用），**第六是曲水**（或者做王字或者万字，或者做枓底及钥匙头，适合在普拍枋内外使用）。

如果在梁、额、柱上加工花纹，可以在花内间杂行龙、飞禽、走兽等装饰，这些飞禽走兽等图案，需要用红笔描在白粉地上，或者用浅色将图案擦淡（要是在做五彩和碾玉装的花内，适合用白画；要是在做碾玉装的花内，也适合用浅色擦淡，或者用五彩做装饰）。**如在方、桁等的上面都用龙、凤、走兽、飞禽，则全部用云彩纹来填补空白之处。**

飞仙等有二品：第一是飞仙；第二是嫔伽（共命鸟等与之相同）。

飞禽等有三品：第一是凤凰（鸾、鹤、孔雀等与之相同），**第二是鹦鹉**（山鹧、练鹊、锦鸡等与之相同），**第三是鸳鸯**（溪鶒、鹅、鸭等与之相同。其骑跨飞禽的人物有五品：第一是真人；第二是女真；第三是仙童；第四是玉女；第五是化生）。

走兽等有四品：第一是狮子（麒麟、狻猊、獬豸等与之相同），**第二是天马**（海马、仙鹿等与之相同），**第三是羚羊**（山羊、华羊等与之相同），**第四是白象**（驯犀、黑熊等与之相同。其骑跨、牵拽走兽的人物有三品：第一是拂菻；第二是獠蛮；第三是化生。要是天马、仙鹿、羚羊，也能用真人等骑跨）。

云纹有二品：第一是吴云；第二是曹云（蕙草云、蛮云等与之相同）。

间装之法：青地上的花纹，以赤黄色、红色、绿色相间，外棱

用红色做叠晕。红地上，花纹青、绿，中间以红色相间，外棱用青色或绿色做叠晕。绿地上花纹，以赤黄色、红色、青色相间，外棱用青色、红色、赤黄色做叠晕（其牙头，在青绿地上用赤黄色的牙头；在朱地上用二绿的牙头。要是枝条，在绿地上用藤黄汁罩，用红花或薄矿水节淡；青红地，要是在白地上做单枝条，则用二绿，随墨用绿花合粉罩，用三绿、二绿节淡）。

叠晕之法：从浅色开始，先用青花（绿色用绿花，红色用朱花粉），再用三青（绿色用三绿、红色用三朱），然后用二青（绿色用二绿、红色用二朱），再然后用大青（绿色用大绿，红色用深朱）。大青之内，用深墨压心，（绿色用深色草汁罩心，朱色用深色紫矿罩心）。在青花的外面，留出一晕粉地（绿花和红花也与此相同。在晕内做二绿花，或者用藤黄汁罩心；要是花纹、缘道等狭小，或者在高远处，那就不用三青等和深色压罩）。但凡要染赤黄，先布粉地，再用朱花合粉压晕，然后用藤黄通罩，再然后用深朱压心（要是合草绿汁，就把螺青花汁和藤黄调和在一起，适当加入几点好墨以及少量胶水）。

叠晕之法：但凡是枓、栱、昂及梁、额等，应外棱缘道都把深色露在外边，其花内剔地色，把浅色都露在在外边，与外棱对晕，让浅色与之相对。其花叶等的叠晕，把浅色都露在外边，且用深色压心（要是在外缘道用明金的，在梁栿、枓栱等上面，金缘的宽度同叠晕一样。金缘内用青色或绿色压心。其青色、绿色的宽度同外缘相比，多五分之一）。

但凡是五彩遍装，在柱头（也就是额入的地方），做细锦或琐纹；柱身在柱櫍之上也做细锦，相对应的是柱头，在细锦的上下，做青色、红色或绿色叠晕一道；其柱身内做海石榴等花（或者在花内混杂着飞凤等），或者做碾玉装，花内混杂着五彩飞凤等，或者混杂着四人瓣窠，或者混杂着四出尖窠（窠内混杂着化生或凤龙之类）。櫍做青瓣或红瓣叠晕莲花。檐额或大额以及由额两头靠近柱身处，做三瓣或两瓣如意头角叶（长加宽的一半），要是身内红地，就用青地做碾玉，或者也用五彩装（或者跟随两边缘道做分脚如意头）。在椽头的面子上，随直径的大小，做叠晕莲花，青色、红色间隔使用；或者做出焰明珠，或者做簇七车钏明珠（全部浅色露在外边），或者做叠晕宝珠（深色露在外边），在靠近上棱的地方向下棱做叠晕，中间点粉作为宝珠心；或者做叠晕合螺玛瑙。在靠近椽头处，做青色、绿色、红色晕子三道，每道宽超不过一寸。身内做通用六等花，外面或者用青色、绿色、红地做团窠，或者做方胜，或者做两尖，或者做四入瓣。白地外用浅色（青色用青花、绿色用绿花、朱色用朱彩圈之），白地内随花瓣的方圆（或者做两尖或者做四人瓣都与之相同），描花，用五彩浅色在其间补充（其青地、绿地、红地做团窠、方胜等，也是用在枓、栱、梁栿等之上的，称为“海锦”，也称为“净地锦”）。在飞子上做青、绿连珠和棱身晕，或者做方胜，或者做两尖，或者做团窠、两侧壁，要是下面用遍地花，则做两晕青、绿棱间；要是下面用素地锦，则做三晕或两晕青绿棱间，飞子头做四角柿蒂（或者做玛瑙）。要是飞子做遍地花，则椽用素地锦（要是椽做遍地花，则飞子用素地锦）。白版上或者做红地、青地、绿地内两尖窠素地锦。大连檐立面做三角叠晕柿蒂花（或者做霞光）。

碾玉装

碾玉装之制：梁、栱之类，外棱四周皆留缘道，缘道之广并同五彩之制。用青或绿叠晕，如绿缘内，于淡绿地上描华，用深青剔地，外留空缘，与外缘道对晕。绿缘内者，用绿处以青，用青处以绿。

华文及琐文等，并同五彩所用。华文内唯无写生及豹脚合晕，偏晕，玻璃地、鱼鳞旗脚，外增龙牙蕙草一品；琐文内无琐子。用青、绿二色叠晕亦如之。内有青绿不可隔间处，于绿浅晕中用藤黄汁罩，谓之菉豆褐。

其卷成华叶及琐文，并旁赭笔量留粉道，从浅色起，晕至深色。其地以大青、大绿剔之。亦有华文稍肥者，绿地以二青；其青地以二绿，随华斡淡后，以粉笔傍墨道描者，谓之映粉碾玉，宜小处用。

凡碾玉装，柱碾玉或间白画，或素绿。柱头用五彩锦。或只碾玉。櫍作红晕，或青晕莲华。椽头作出焰明珠，或簇七明珠，或莲华，身内碾玉或素绿。飞子正面作合晕，两旁并退晕①，或素绿。仰版素红。或亦碾玉装。

【注释】①退晕：在建筑的彩画中，常常将一个颜色调成不同的深浅度，然后来逐层的绘制一个形象，这样一来，这个形象就自然的产生了深浅层次，并且排列分明，这种逐层绘制深浅颜色的方法，就叫做“退晕”。

【译文】碾玉装的规定：在梁、栱之类外棱的四周都留有缘道的地方（缘道的宽度与五彩遍装的规定全部相同），用青色或绿色做叠晕，如果在绿缘里，就在淡绿地上描花，用深青剔地，外边留出空边，与外缘道对晕（绿缘内的碾玉装，用绿色的地方做青色，用青色的地方做绿色）。

花纹和琐纹等，与五彩遍装的规定全部相同（花纹内只是没有写生和豹脚合晕、偏晕，玻璃地、鱼鳞旗脚，额外增加了龙牙、蕙草一品；琐纹内没有琐子）。用青、绿二色叠晕也是这样（里面有青绿不能隔间之处，在绿浅晕中用藤黄汁罩心，被称为“菉豆褐”）。

将其卷成花叶和琐纹，并沿着赭笔量留出粉道的地方，从浅色开始，叠晕到深色。其地用大青色、大绿色来剔地（也有花纹稍宽的，绿地用二青；其青地用二绿，随着花斡节淡之后，用粉笔沿着墨道来描画，被称为“映粉碾玉”，适合在小点的地方使用）。

但凡在碾玉装中，柱来做碾玉，或者混杂着白画和素绿。柱头用五彩锦（或者只做碾玉装）。櫍做红晕，或者做青晕莲花。椽头做出焰明珠，或者做簇七明珠，或者做莲花。身内做碾玉或者素绿。飞子正面做合晕，两旁全部做退晕，或做素绿。仰版做素红（或者也做碾玉装）。

青绿叠晕棱间装三晕带红棱间装附

青绿叠晕棱间装之制：凡枓、栱之类，外棱缘广一分。

外棱用青叠晕者，身内用绿叠晕，外棱用绿者，身内用青，下同。其外棱缘道浅色在内，身内浅色，在外道压粉线。谓之两晕棱间装。外棱用青华、二青、大青，以墨压深；身内用绿华，三绿、二绿、大绿，以草汁压深；若绿在外缘，不用三绿；如青在身内，更加三青。

其外棱缘道用绿叠晕，浅色在内。次以青叠晕，浅色在外。当心又用绿叠晕者，深色在内。谓之三晕棱间装。皆不用二绿、三青，其外缘广与五彩同。其内均作两晕。

若外棱缘道用青叠晕，次以红叠晕，浅色在外，先用朱华粉，次用二朱，次用深朱，以紫矿压深。当心用绿叠晕，若外缘用绿者，当心以青。谓之三晕带红棱间装。

凡青、绿叠晕棱间装，柱身内笋文或素绿或碾玉装；柱头作四合青绿退晕如意头；櫍作青晕莲华，或作五彩锦，或团窠方胜素地锦，椽素绿身；其头作明珠莲华。飞子正面、大小连檐，并青绿退晕，两旁素绿。

【译文】青绿叠晕棱间装的规定：但凡是枓、栱等的外棱缘宽为一分。

外棱用青色叠晕的，身内就用绿色叠晕（外棱用绿色叠晕的，身内则用青色叠晕，以下与此相同。其外棱缘道的浅色在内，身内也用浅色，在外道压粉线），称为“两晕棱间装”（外棱用青花、二青、大青，用墨来压深；身内用绿花、三绿、二绿、大绿，用草汁来压深；要是绿色在外缘，就不用三绿；要是青色在身内，则再加一道三青）。

其外棱缘道用绿色叠晕（浅色在内），然后用青色叠晕（浅色在外），中间又用绿色叠晕的（深色在内），称为“三晕棱间装”（全部不用二绿、三青，其外缘的宽度与五彩遍装的规定相同。其内都做两晕）。

要是外棱缘道用青色叠晕，然后用红色叠晕（浅色在外，先用朱花粉，再用二朱，然后用深朱，用紫矿来压深），中间用绿色叠晕（要是外缘用绿色叠晕的，中间则用青色叠晕），称为“三晕带红棱间装”。

但凡是青色、绿色叠晕的棱间装，柱身内的笋文，或者做素绿，或者做碾玉装；柱头做四合青绿退晕如意头；櫍做青晕莲花，或者作做五彩锦，或者做团窠方胜素地锦，椽身做成全绿；其柱头做明珠莲花。飞子正面、大小连檐，全做青绿退晕，两边做成全绿。

解绿装饰屋舍解绿结华装附

解绿刷饰屋舍之制：应材、昂、枓、栱之类，身内通刷土朱，其缘道及燕尾、八白等，并用青、绿叠晕相间。若枓用绿，即栱用青之类。

缘道叠晕，并深色在外，粉线在内，先用青华或绿华在中，次用大青或大绿在外，后用粉线在内。其广狭长短，并同丹粉刷饰之制；唯檐额或梁栿之类，并四周各用缘道，两头相对作如意头。由额及小额并同。若画松文，即身内通刷土黄；先以墨笔界画，次以紫檀间刷，其紫檀用深墨合土朱，令紫色。心内用墨点节。栱、梁等下面用合朱通刷。又有于丹地内用墨或紫檀点簇六球文与松文名件相杂者，谓之卓柏装。

枓、栱、方、桁，缘内朱地上间诸华者，谓之解绿结华装。

柱头及脚并刷朱，用雌黄画方胜及团华，或以五彩画四斜，或簇六球文锦。其柱身内通刷合绿，画作笋文。或只用素绿、椽头或作青绿晕明珠。若椽身通刷合绿者，其槫亦作绿地笋文或素绿。

凡额上壁内影作，长广制度与丹粉刷饰同。身内上棱及两头，亦以青绿叠晕为缘。或作翻卷华叶。身内通刷土朱，其翻卷华叶并以青绿叠晕。枓下莲华并以青晕。

【译文】解绿刷饰屋舍的规定：应材、昂、枓、栱等的身内全部刷上土朱色，其缘道及燕尾、八白等，全间杂用青色、绿色叠晕（如果枓用绿色，那么栱则用青色等等）。

在缘道里做叠晕，都是深色在外，粉线在内（先在中间用青花或绿花，再在外侧用大青或大绿，最后在内侧用粉线），叠晕的宽窄长短，与丹粉刷饰的规定全部相同；只有檐额或梁栿等，在四周分别用缘道，两头相对做如意头（由额和小额与此相同）。要是画松纹，则全身都刷上土黄色；先用墨笔描出界线，然后用紫檀色间刷（其紫檀色是用深墨混合土朱色调配，才得到了紫色），当中用墨点画出松节（在栱、梁等下面用合朱刷满。还在丹地内用墨或紫檀色点画间杂有簇六球纹与松纹的构件，称为“卓柏装”）。

枓、栱、方、桁的缘道里的朱地上混杂着各种花纹的，称为“解绿结华装”。

柱头及柱脚刷满朱色，用雌黄画方胜和团花，或者用五彩画四斜，或者画簇六球纹锦。其柱身内刷满绿色，画成笋文（或者只用素绿、椽头或者做青绿晕明珠。要是椽身刷满合绿色，那么榑也能做绿地筒纹或素绿）。

但凡在额上壁内做影作，长宽的规定与丹粉刷饰的规定相同。身内上棱和两头，也以青绿叠晕做缘道。或者做翻卷花叶（身内刷满土朱色，其翻卷花叶全部做青绿叠晕）。枓下莲华花全部做成青晕。

丹粉刷饰屋舍黄土刷饰附

丹粉刷饰屋舍之制：应材木之类，面上用土朱通刷，下棱用白粉阑界缘道，两尽头斜讹向下。下面用黄丹通刷。昂、栱下面及耍头正面同。其白缘道长、广等依下项：

枓、栱之类，栿、额、替木、叉手、托脚、驼峰、大连檐、搏风版等同。随材之广，分为八分，以一分为白缘道。其广虽多，不得过一寸；虽狭，不得过五分。

栱头及替木之类，绰幕、仰楷、角梁等同。头下面刷丹，于近上棱处刷白。燕尾长五寸至七寸；其广随材之厚，分为四分，两边各以一分为尾。中心空二分。上刷横白，广一分半。其耍头及梁头正面用丹处，刷望山子。其上长随高三分之二；其下广随厚四分之二；斜收向上，当中合尖。

檐额或大额刷八白者，如里面。随额之广，若广一尺以下者，分为五分；一尺五寸以下者，分为六分；二尺以上者，分为七分，各当中以一分为八白。其八白两头近柱，更不用朱阑断，谓之入柱白。于额身内均之作七隔；其隔之长随白之广，俗谓之七朱八白。

柱头刷丹，柱脚同。长随额之广，上下并解粉线。柱身、椽、檩及门、窗之类，皆通刷土朱。其破子窗子桯及屏风难子正侧并椽头，并刷丹。平暗或版壁，并用土朱刷版并桯，丹刷子桯及牙头护缝。

额上壁内，或有补间铺作远者，亦于栱眼壁内。画影作于当心。其上先画枓，以莲华承之。身内刷朱或丹，隔间用之。若身内刷朱，则莲华用丹刷；若身内刷丹，则莲华用朱刷；皆以粉笔解出华瓣。中作项子，其广随宜。至五寸止。下分两脚，长取壁内五分之三，两头各空一分。身内广随项，两头收斜尖向内五寸。若影作华脚者，身内刷丹，则翻卷叶用土朱；或身内刷土朱，则翻卷叶用丹。皆以粉笔压棱。

若刷土黄者，制度并同。唯以土黄代土朱用之。其影作内莲华用朱或丹，并以粉笔解出华瓣。

若刷土黄解墨缘道者，唯以墨代粉刷缘道。其墨缘道之上，用粉线压棱。亦有栿、栱等下面合用丹处皆用黄土者，亦有只用墨缘，更不用粉线压棱者，制度并同。其影作内莲华，并用墨刷，以粉笔解出华瓣；或更不用莲华。

凡丹粉刷饰，其土朱用两遍，用毕并以胶水拢罩，若刷土黄则不用。若刷门、窗，其破子窗子桯及护缝之类用丹刷，余并用土朱。

【译文】丹粉刷饰屋舍的规定：应材木等，面上刷满土朱色，下棱用白粉画出缘道的边界（两端斜讹向下），下面刷满黄丹（昂、栱下面及耍头正面与此相同）。其白缘道长、宽等按照以下规定：

枓、栱之类（栿、额、替木、叉手、托脚、驼峰、大连檐、搏风版等与之相同），依据材的宽度，分成八份，其中一份为白缘道。其宽度最宽也不能超过一寸；最窄也不能小于五分。

栱头及替木等(绰幕、仰楷、角梁等与此相同),头下刷红色,在与上棱相近的地方刷白色。燕尾长五寸到七寸,其宽度根据材的厚度,分成四份,两边各用一份作为燕尾(中间空开二份)。上面横着刷白色,宽一分半(在要头及梁头正面刷红色处,刷望山子。上面的长度为高度的三分之二;下面的宽度为厚度的四分之二;斜收向上,中间合尖)。

在檐额或大额上刷八白的(如刷在里面),按照额的宽度,要是宽度在一尺以下的,分成五份;宽度在一尺五寸以下的,分成六份;宽度在二尺以上的,分成七份,分别以当中的一份作为八白(八白的两头与柱子相近,而不用红色栏杆断开,称为入"柱白")。在额身内平均做七个隔断;其每隔的长度是根据八白的宽度而定(俗称为"七朱八白")。

柱头刷红色(柱脚也刷红色),长度根据额的宽度而定,上下全部画出粉线。柱身、椽、檩和门、窗等,都刷满土朱色(其破子窗子桯和屏风难子正侧及椽头,全部刷红色)。平暗或版壁,全部用土朱色刷版以及桯,用红色刷子桯和牙头护缝。

额上壁内(或者有补间铺作远的,也在栱眼壁内),在中间画影作。上面先画料,用莲花承之(身内刷朱色或者红色,用于隔间。要是身内刷朱色,则莲花就刷红色;要是身内刷红色,则莲花就刷朱色;全部用粉笔画出花瓣)。中间做项子,其宽度视情况而定(不得窄于五寸)。下面分成两脚,长度取壁内的五分之三(两端各空出一分),身内的宽度随项子而定,两端收斜尖向内五寸。要是影作花脚的,身内刷满红色,翻卷叶则用土朱色;要是身内刷土朱色,翻卷叶则用红色(全部用粉笔压棱道)。

要是刷土黄色,规定与此相同。只是要用土黄色代替土朱色来使用(影作内莲花用朱色或红色,全部用粉笔画出花瓣)。

要是刷土黄色画出墨色缘道的,只是用墨色代替粉色来刷缘道。在墨色缘道的上面,用粉线来压棱(也有枓、栱等下面合用红色的地方全部用黄土色,也有只用墨色缘道,而不用粉线压棱的,规定都与之相同。其影作内莲花,全部用墨色刷满,并用粉笔画出花瓣;或者不用莲花)。

但凡是丹粉刷饰，都是用土朱色刷两遍，刷完以后全部用胶水笼罩，要是刷土黄色则不用胶水笼罩（要是刷门、窗，其破子窗子桯和护缝等全部用红色刷满，其余全用土朱色）。

杂间装

杂间装之制：皆随每色制度，相间品配，令华色鲜丽，各以逐等分数为法。

五彩间碾玉装。五彩遍装六分，碾玉装四分。

碾玉间画松文装。碾玉装三分，画松装七分。

青绿三晕棱间及碾玉间画松文装。青绿三晕棱间装三分，碾玉装二分，画松装四分。

画松文间解绿赤白装。画松文装五分，解绿赤白装五分。

画松文卓柏间三晕棱间装。画松文装六分，三晕棱间装一分，卓柏装二分。

凡杂间装以此分数为率，或用间红青绿三晕棱间装与五彩遍装及画松文等相间装者，各约此分数，随宜加减之。

【译文】杂间装的规定：全随各色的制度而定，相间品配，使其华色鲜丽，分别以逐等分数为标准。

五彩间碾玉装（五彩遍装六分，碾玉装四分）。

碾玉间画松纹装（碾玉装三分，画松装七分）。

青绿三晕棱间及碾玉间画松纹装（青绿三晕棱间装三分，碾玉装二分，画松装四分）。

画松纹间解绿赤白装（画松纹装五分，解绿赤白装五分）。

画松纹卓柏间三晕棱间装（画松纹装六分，三晕棱间装一分，卓柏装二分）。

但凡是杂间装都以此分数作为标准，或者用间红青绿三晕棱间装与五彩遍装及画松纹等相间装的，分别参考这个分数，视情况而加减。

炼桐油

炼桐油[①]之制：用文武火[②]煎桐油令清，先煠[③]胶令焦，取出不用，次下松脂搅候化；又次下研细定粉。粉色黄，滴油于水内成珠；以手试之，黏指处有丝缕，然后下黄丹。渐次去火，搅令冷，合金漆用。如施之于彩画之上者，以乱线揩搌用之。

【注释】①桐油：油桐子所制成的油。用途很广，可以涂饰房屋和器具，制造油漆、油墨、油布，并可用作防水、防腐剂等。

②文武火：用于烧煮的文火与武火。文火，火力小而弱；武火，火力大而猛。

③煠（yè）：同“炸”，用火烧，放在沸油中进行处理。

【译文】炼桐油的规定：用文武火煎桐油让其变清，先把胶放在沸腾的桐油里使其变焦，取出来不用，然后放入松脂搅拌混合等待其融化；然后再放入研磨细的定粉。粉色黄，在水内滴油成珠状；用手尝试，黏指的地方有丝缕，然后放入黄丹。逐渐关火，搅拌使其变冷，与金漆混合后使用。要是用在彩画上面，用乱丝擦抹之后再使用。

卷第十五

砖作制度

用　砖

用砖之制：

殿阁等十一间以上，用砖方二尺，厚三寸。

殿阁等七间以上，用砖方一尺七寸，厚二寸八分。

殿阁等五间以上，用砖方一尺五寸，厚二寸七分。

殿阁、厅堂、亭榭等，用砖方一尺三寸，厚二寸五分。以上用条砖[①]，并长一尺三寸，广六寸五分，厚二寸五分。如皆唇用压阑砖[②]，长二尺一寸，广一尺一寸，厚二寸五分。

行廊、小亭榭、散屋等，用砖方一尺二寸，厚二寸。用条砖长一尺二寸，广六寸，厚二寸。

城壁所用走趄砖，长一尺二寸，面广五寸五分，底广六寸，厚二寸。趄条砖面长一尺一寸五分，底长一尺二寸，广六寸，厚二寸。牛头砖[③]长一尺三寸，广六寸五分，一壁厚二寸五分，一壁厚二寸二分。

【注释】①条砖：有长一尺三和一尺二两等，用于砌墙。

②压阑砖：宋式建筑台基四周外缘铺墁的长方形条石。清式称“压檐石”。

③牛头砖：一端厚、一端薄，用于砌栱券。

【译文】用砖的规定：

有十一间以上的殿阁，使用的砖方长二尺，厚三寸。

有七间以上的殿阁，使用的砖方长一尺七寸，厚二寸八分。

有五间以上的殿阁，使用的砖方长一尺五寸，厚二寸七分。

殿阁、厅堂、亭榭等，使用的砖方长一尺三寸，厚二寸五分（以上这些用条砖，全部长一尺三寸，宽六寸五分，厚二寸五分。例如阶唇用的就是压阑砖，长二尺一寸，宽一尺一寸，厚二寸五分）。

行廊、小亭榭、散屋等，使用的砖方长一尺二寸，厚二寸（使用的条砖长一尺二寸，宽六寸，厚二寸）。

城壁所用的走趄砖，长一尺二寸，表面宽五寸五分，底部宽六寸，厚二寸。趄条砖表面长一尺一寸五分，底部长一尺二寸，宽六寸，厚二寸。牛头砖长一尺三寸，宽六寸五分，一面壁厚二寸五分，另一面壁厚二寸二分。

垒阶基

其名有四：一曰阶，二曰陛，三曰陔，四曰墒

垒砌阶基之制：用条砖。殿堂、亭榭，阶高四尺以下者，用二砖相并；高五尺以上至一丈者，用三砖相并。楼台基高一丈以上

至二丈者，用四砖相并；高二丈至三丈者，用五砖相并；高四丈以上者，用六砖相并。普拍方外阶头，自柱心出三尺至三尺五寸，每阶外细砖高十层，其内相并砖高八层。其殿堂等阶，若平砌每阶高一尺，上收一分五厘。如露龈砌，每砖一层，上收一分。粗垒二分。楼台、亭榭，每砖一层，上收二分。粗垒五分。

【译文】垒砌阶基的规定：要使用条砖。殿堂、亭榭，台阶的高度在四尺以下的，把二块砖并在一起使用；台阶的高度在五尺以上到一丈的，把三块砖并在一起使用。楼台的基座高在一丈以上到二丈的，把四块砖并在一起使用；基座高在二丈到三丈的，把五块砖并在一起使用；基座高在四丈以上的，把六块砖并在一起使用。普拍枋外部的台阶边上，从柱心伸出三尺到三尺五寸（每个台阶外的细砖有十层高，台阶内并在一起的砖有八层高）。殿堂等的台阶，要是采用平砌，每个台阶则高一尺，上收一分五厘。要是采用露龈砌，每块砖就是一层，上收一分（要是粗垒，那么上收就是二分）。楼台、亭榭，每块砖就是一层，上收二分（要是粗垒，那么上收就是五分）。

铺地面

铺砌殿堂等地面砖之制：用方砖，先以两砖面相合，磨令平；次斫四边，以曲尺较令方正；其四侧斫令下棱收入一分。殿堂等地面，每柱心内方一丈者，令当心高二分；方三丈者高三分。如厅堂、廊舍等，亦可以两椽为计。柱外阶广五尺以下者，每一尺令自柱心至阶龈垂二分，广六尺以上者垂三分。其阶龈压阑，用石或亦用砖。其阶外散水①，量檐上滴水远近铺砌；向外侧砖砌线道二周。

【注释】①散水：在建筑周围铺的用以防止雨水渗入的保护层。

【译文】铺砌殿堂等地面砖的规定：要使用方砖，先把两块方砖的表面贴合在一起，磨擦让其表面平整；然后再削去四边，用曲尺来校正使其方正；砍削四个侧面让下棱收入一分。殿堂等地面砖，每柱中间方长为一丈的，就让地面中间高出二分；方长为三丈上午，就让地面中间高出三分。比如厅堂、廊舍等，也可用两椽的长度来计算。柱外台阶的宽在五尺以下的，每宽一尺都需从柱心到阶龈下垂二分，宽六尺以上的就下垂三分。其阶龈用压阑石，也可用压阑砖。在台阶外做散水，通过测量屋檐上滴水的远近来做铺砌；向外侧砖需铺砌线道二周。

墙下隔减

垒砌墙隔减之制：殿阁外有副阶①者，其内墙下隔减，长随墙广。下同。其广六尺至四尺五寸。自六尺以减五寸为法，减至四尺五寸止。高五尺至三尺四寸。自五尺以减六寸为法，至三尺四寸止。如外无副阶者，厅堂同。广四尺至三尺五寸，高三尺至二尺四寸。若廊屋之类，广三尺至二尺五寸，高二尺至一尺六寸。其上收同阶基制度。

【译文】垒砌墙隔减的规定：殿阁外设有副阶的，其内墙下进行隔减，长度同墙的长度。下同。其厚六尺到四尺五寸（从六尺开始，以每次减少五寸为标准，减到四尺五寸为止）。高五尺到三尺四寸（从五尺开始，以每次减少六寸为标准，减到三尺四寸为止）。要是殿阁外没有副阶的（厅堂与其相同），其宽在四尺到三尺五寸，高在三尺到二尺四寸。要是廊屋等建筑，宽在三尺到二尺五寸，高在二尺到一尺六寸。其上收的尺寸同阶基的规定。

踏 道

造踏道[①]之制：广随间广，每阶基高一尺，底长二尺五寸，每一踏高四寸，广一尺。两颊[②]各广一尺二寸。两颊内线道各厚二寸。若阶基高八砖，其两颊内地栿、柱子等，平双转一周；以次单转一周，退入一寸；又以次单转一周，当心为象眼。每阶基加三砖，两颊内单转加一周；若阶基高二十砖以上者，两颊内平双转加一周。踏道下线道亦如之。

【注释】①踏道：指台阶。

②两颊：指踏道两旁的斜坡面，清代称“垂带”。两颊内，指踏道侧面两颊以下，地以上，阶基以前那个正角三角形的垂直面，清代称这整个三角形垂直面部分为“象眼”。

【译文】做踏道的规定：宽度随间宽而定，阶基每高度为一尺，底部的长度为二尺五寸，每一踏高四寸，宽一尺。两颊分别宽一尺二寸。两颊内的线道分别厚二寸。要是阶基有八砖高，那么两颊内的地栿、柱子等，水平双转砌一周；然后单转砌一周，收入一寸；再然后单转砌一周，中间就是象眼。每个阶基增加三砖，在两颊内单转加砌一周；要是阶基在二十砖以上高的，在两颊内水平双转加砌一周。踏道下的线道也是这样。

慢 道

垒砌慢道[①]之制：城门慢道，每露台砖基高一尺，拽脚斜长五尺。其广减露台一尺。厅堂等慢道，每阶基高一尺，拽脚斜长四尺；作三瓣蝉翅；当中随间之广。取宜约度。两颊及线道，并同踏道之制。每斜长一尺，加四寸为两侧翅瓣下之广。若作五瓣蝉翅，其两侧翅瓣下取斜长四分之三，凡慢道面砖露龈，皆深三分。如华砖即不露龈。

【注释】①慢道：也称“马道”，用砖或石砌成的斜面为锯齿形的升降道，多用于通向城墙顶部的坡道或大门外，以利车马通行。

【译文】垒砌慢道的规定：城门的慢道，露台砖基的高为一尺，拽脚的斜长为五尺（其宽度较露台要少一尺）。厅堂等处的慢道，每阶基高度为一尺，拽脚的斜长为四尺；制作三瓣蝉翅；中间同间宽一样（按照实际情况来选取适合的尺寸。两额和线道，全部与踏道的规定相同）。每斜长一尺，加上四寸就是两侧翅瓣下的宽度。要是制作五瓣蝉翅，其两侧翅瓣下取斜长的四分之三。但凡是把慢道的面砖砌成锯齿形的，全部要深入三分（要是花砖，就不用砌成锯齿形了）。

须弥坐

垒砌须弥坐[①]之制：共高一十三砖，以二砖相并，以此为率。自下一层与地平，上施单混肚砖一层，次上牙脚砖一层，比混肚砖下龈收入一寸。次上罨牙砖一层，比牙脚出三分。次上合莲砖一层，比罨牙收入一寸五分。次上束腰砖一层，比合莲下龈收入一寸。次上仰莲砖一层，比束腰出七分。次上壶门、柱子砖三层，柱子比仰莲收入一寸五分，壶门比柱子收入五分。次上罨涩砖一层，比柱子出一分。次上方涩平砖两层，比罨涩出五分。如高下不同，约此率随宜加减之。如殿阶基作须弥坐砌垒者，其出入并依角石柱制度，或约此法加减。

【注释】①须弥坐：即须弥座，又名“金刚座”“须弥坛”，源自印度，指安置佛、菩萨像的台座。后来代指建筑装饰的底座。

【译文】垒砌须弥座的规定：共高十三块砖，把二块砖并在一起，将此定为标准。最下面的一层与地面齐平，上面放置一层单混肚砖，再往上放置一层牙脚砖（与混肚砖相比，下龈多收入一寸），然后往上放置一层罨牙砖（与牙脚砖相比，多伸出三分），然后再往上放置一层合莲砖（与罨牙砖相比，多收入一寸五分），再往上放置一层束腰砖（与合莲砖相比，下龈多收入一寸），再往上放置一层仰莲砖（与束腰砖相比，多伸出七分），再往上放置壶门、柱子砖三层（柱子砖与仰莲砖相比，多收入一寸五分，壶门与柱子砖相比，多收入五分），再往上放置一层罨涩砖（与柱子砖相比，多伸出一分），再往上放置两层方涩平砖（与罨涩砖相比，多伸出五分），要是高低各不一样，按照此标准视情况来加减尺寸（要是在殿阶基上垒砌须弥座，其伸出和收入的尺寸全部参照“角石柱制度”，或者按照此标准来加减尺寸）。

砖 墙

垒砖墙之制：每高一尺，底广五寸，每面斜收一寸。若粗砌，斜收一寸三分，以此为率。

【译文】垒砖墙的规定：墙每高度为一尺，底面的宽度为五寸，每面斜收一寸。要是粗砌，斜收则为一寸三分，将此项作为标准。

露 道

砌露道之制：长广量地取宜，两边各侧砌双线道，其内平铺砌，或侧砖虹面[①]垒砌，两边各侧砌四砖为线。

【注释】①虹面：指道的断面中间高于两边。

【译文】铺砌露道的规定：长度和宽度根据地势来选取适宜的尺寸，两边分别侧砌双线道，露道内平整地进行铺砌，或者侧砖砌成中间高于两边，两边分别侧砌四砖为线。

城壁水道

垒城壁水道之制[①]：随城之高，匀分蹬踏。每踏高二尺，广六寸，以三砖相并，用趄条砖。面与城平，广四尺七寸。水道广一尺一寸，深六寸；两边各广一尺八寸。地下砌侧砖散水，方六尺。

【注释】①城壁水道：指土城墙面上的排水道。

【译文】垒砌城壁水道的规定：水道同城的高度一样，平均分置蹬踏。每踏高二尺，宽六寸，用三砖并在一起（使用的是趄条砖），踏面与城齐平，宽四尺七寸。水道宽一尺一寸，深六寸；两边的宽度分别为一尺八寸。地下垒砌侧砖来排放水流，方长为六尺。

卷輂河渠口

垒砌卷輂河渠砖口之制：长广随所用，单眼卷輂者，先于渠底铺地面砖一重。每河渠深一尺，以二砖相并，垒两壁砖，高五寸。如深广五尺以上者，心内以三砖相并。其卷輂随圜分侧用砖。覆背砖同。其上缴背顺铺条砖。如双眼卷輂者，两壁砖以三砖相并，心内以六砖相并。余并同单眼卷輂之制。

【译文】垒砌卷輂河渠砖口的规定：长宽依据所用而定，垒砌单眼卷輂，先在河渠的底部铺设一层地面砖。河渠每深度为一尺，用二块砖并在一起，垒砌两壁砖，高五寸。要是深度和宽度在五尺以上的，中间用三块砖并在一起。其卷輂根据弧度来分侧用砖（覆背砖与此相同）。在卷輂的上缴背顺着铺砌条砖。要是垒砌双眼卷輂，两壁砖是用三砖并在一起，中间是用六砖并在一起。其余的全部与单眼卷輂的规定相同。

接甑口

垒接甑口[1]之制：口径随釜或锅。先以口径圜样，取逐层砖定样，斫磨口径。内以二砖相并，上铺方砖一重为面。或只用条砖覆面。其高随所用。砖并倍用纯灰下。

【注释】①接甑口：指烧火煮饭用的锅台和炉膛。

【译文】垒砌接甑口的规定：接甑口的直径同釜或锅一样。先按照口径的圆样，决定每一层砖的样式，然后砍磨口径。口内用二块砖并在一起，上面铺砌方砖一层来作为表面（或者只使用条砖来做表面）。接甑口的高度按照用时的需求而定（两块砖并在一起时，都需抹上纯灰）。

马台

垒马台[1]之制：高一尺六寸，分作两踏。上踏方二尺四寸，下踏广一尺，以此为率。

【注释】①马台：方便上下马用的石凳子或石台子，旧时大户人家多放置在大门左右两侧。

【译文】垒砌马台的规定：高一尺六寸，分成两踏。上踏方长为二尺四寸，下踏宽度为一尺，将此项定为标准。

马 槽

垒马槽[1]之制：高二尺六寸，广三尺，长随间广，或随所用之长。其下以五砖相并，垒高六砖。其上四边垒砖一周，高三砖。次于槽内四壁，侧倚方砖一周。其方砖后随斜分斫贴，垒三重。方砖之上，铺条砖覆面一重，次于槽底铺方砖一重为槽底面。砖并用纯灰下。

【注释】①马槽：饲马之槽。木制或石制。

【译文】垒砌马槽的规定：马槽高二尺六寸，宽三尺，长同间宽一样（或者按照所需要的长度而定），马槽的下面用五块砖并在一起，垒到六层砖的高度。马槽的上面沿四边垒一圈砖，垒到三层砖的高度。然后在马槽内的四壁上，侧砌一圈方砖（方砖砌成之后，沿着槽壁削磨方砖，使其贴合，垒到三层）。在方砖的上面，铺砌一层条砖覆在表面，然后在马槽底部铺砌一层方砖来作为马槽的底面（方砖都抹上纯灰）。

井

甃井[1]之制：以水面径四尺为法。

用砖：若长一尺二寸，广六寸，厚二寸条砖，除抹角就圜，实收长一尺，视高计之，每深一丈，以六百口垒五十层。若深广尺寸不定，皆积而计之。

底盘版：随水面径斜，每片广八寸，牙缝搭掌在外。其厚以二寸为定法。

凡甃造井，于所留水面径外，四周各广二尺开掘。其砖甋用竹并芦蕟编夹。垒及一丈，闪下甃砌。若旧井损脱难于修补者，即于径外各展掘一尺，拢套接垒下甃。

【注释】①甃（zhòu）井：北方农村开挖大井或者淘出小井以后必须的一项工程。

【译文】甃井的规定：将直径为四尺的水面定为标准。

用砖：要是使用的是长一尺二寸、宽六寸、厚二寸的条砖，去除抹角就圆的部分，实际收长一尺，根据井的高度来计算，井每深度为一丈，就用六百口条砖垒到五十层。要是深度、宽度的尺寸无法确定，那么全按此种比例来进行计算。

底盘版：同水面的径斜一样，每片宽八寸，不包括牙缝搭掌。其厚度以二寸为标准。

但凡是搭建甃井，在水面直径之外，四周分别加宽二尺来进行挖掘。其砖甋使用竹和芦蕟来编夹。垒到一丈的时候，闪下甃砌。要是旧井损脱不好修补，就在水面直径之外分别加宽一尺挖掘，拢套接垒下甃。

窑作制度

瓦

其名有二：一曰瓦，二曰㼧

造瓦坯：用细胶土不夹砂者，前一日和泥造坯。鸱、兽事件同。先于轮上安定札圈，次套布筒，以水搭泥拨圈，打搭收光，取札并布筒暾曝[①]。鸱、兽事件捏造，火珠之类用轮床收托。其等第依下项。

瓪瓦：

长一尺四寸，口径六寸，厚八分。仍留曝干并烧变所缩分数，下准此。

长一尺二寸，口径五寸，厚五分。

长一尺，口径四寸，厚四分。

长八寸，口径三寸五分，厚三分五厘。

长六寸，口径三寸，厚三分。

长四寸，口径二寸五分，厚二分五厘。

㼧瓦[②]：

长一尺六寸，大头广九寸五分，厚一寸，小头广八寸五分，厚八分。

长一尺四寸，大头广七寸，厚七分，小头广六寸，厚六分。

长一尺三寸，大头广六寸五分，厚六分，小头广五寸五分，厚五分五厘。

长一尺二寸，大头广六寸，厚六分，小头广五寸，厚五分。

长一尺，大头广五寸，厚五分，小头广四寸，厚四分。

长八寸，大头广四寸五分，厚四分，小头广四寸，厚三分五厘。

长六寸，大头广四寸，厚同上。小头广三寸五分，厚三分。

凡造瓦坯之制，候曝微干，用刀剺画，每桶作四片。瓪瓦作二片；线道瓦于每片中心画一道，条子十字剺画。线道条子瓦，仍以水饰露明处一边。

【注释】①曒（shài）曝：指曝晒，放在日光下使变得干燥。

②瓪（bǎn）瓦：同“板瓦”，弯曲程度较小的瓦。

【译文】做瓦坯：使用不带砂的细胶土，在前一天和泥做坯（鸱、兽等物件与此相同）。先在轮上安装固定札圈，然后套上布筒，用水搭泥来拨圈，打搭收光，取下札圈和布筒，放在日光下使变得干燥（鸱、兽等物件需要捏造，火珠等物件需要使用轮床来收托）。其等级依照以下各项标准。

瓶瓦：

长一尺四寸，瓦口的直径为六寸，厚八分（仍然保留晒干和烧变过程中所缩小的尺寸，以下同此）。

长一尺二寸，瓦口的直径为五寸，厚五分。

长一尺，瓦口的直径为四寸，厚四分。

长八寸，瓦口的直径为三寸五分，厚三分五厘。

长六寸，瓦口的直径为三寸，厚三分。

长四寸，瓦口的直径为二寸五分，厚二分五厘。

瓪瓦：

长一尺六寸，大头的宽为九寸五分，厚一寸，小头的宽为八寸五分，厚八分。

长一尺四寸，大头的宽为七寸，厚七分，小头的宽为六寸，厚六分。

长一尺三寸，大头的宽为六寸五分，厚六分，小头的宽为五寸五分，厚五分五厘。

长一尺二寸，大头的宽为六寸，厚为六分，小头的宽为五寸，厚五分。

长一尺，大头的宽为五寸，厚五分，小头的宽为四寸，厚四分。

长八寸，大头的宽为四寸五分，厚四分，小头的宽为四寸，厚三分五厘。

长六寸，大头的宽为四寸（厚四分），小头的宽为三寸五分，厚三分。

但凡是做瓦坯的规定，等到瓦坯晒得稍干一点儿时，用刀剺画，每桶做四片（瓪瓦做二片；线道瓦是在每片的中心画一道，条子瓦是做十字剺画）。条子瓦的线道，仍然以水饰露明处一边。

砖

其名有四：一曰甓，二曰瓴甋，三曰瑴，四曰甗砖

造砖坯：前一日和泥打造。其等第依下项。

方砖：

二尺，厚三寸。

一尺七寸，厚二寸八分。

一尺五寸，厚二寸七分。

一尺三寸，厚二寸五分。

一尺二寸，厚二寸。

条砖：

长一尺三寸，广六寸五分，厚二寸五分。

长一尺二寸，广六寸，厚二寸。

压阑砖：长二尺一寸，广一尺一寸，厚二寸五分。

砖碇：方一尺一寸五分，厚四寸三分。

牛头砖：长一尺三寸，广六寸五分，一壁厚二寸五分，一壁厚二寸二分。

走趄砖：长一尺二寸，面广五寸五分，底广六寸，厚二寸。

趄条砖：面长一尺一寸五分，底长一尺二寸，广六寸，厚二寸。

镇子砖：方六寸五分，厚二寸。

凡造砖坯之制，皆先用灰衬隔模匣，次入泥；以杖剖脱曝令干。

【译文】做砖坯：在前一天和泥打造。其等级依照以下各项标准。

方砖：

方长二尺，厚三寸。

方长一尺七寸，厚二寸八分。

方长一尺五寸，厚二寸七分。

方长一尺三寸，厚二寸五分。

方长一尺二寸，厚二寸。

条砖：

长一尺三寸，宽六寸五分，厚二寸五分。

长一尺二寸，宽六寸，厚二寸。

压阑砖：长二尺一寸，宽一尺一寸，厚二寸五分。

砖碇：方长一尺一寸五分，厚四寸三分。

牛头砖：长一尺三寸，宽六寸五分，一壁厚二寸五分，另一壁厚二寸二分。

走趄砖：长一尺二寸，面宽为五寸五分，底部宽度为六寸，厚二寸。

趄条砖：面长为一尺一寸五分，底部的长度为一尺二寸，宽六寸，厚二寸。

镇子砖：方长六寸五分，厚二寸。

但凡是做砖坯的规定，全部先用灰来衬隔模匣，然后倒入泥；用杖剖脱后放在日光下使其晒干。

琉璃瓦等炒造黄丹附

凡造琉璃瓦[①]等之制：药以黄丹[②]、洛河石和铜末，用水调匀。冬月用汤。瓪瓦于背面、鸱、兽之类于安卓露明处，青棍同。并遍浇刷。瓪瓦于仰面内中心。重唇瓪瓦仍于背上浇大头；其线道、条子瓦，浇唇一壁。

凡合琉璃药所用黄丹阙炒造之制，以黑锡、盆硝等入镬[③]，煎一日为粗釉，出候冷，捣罗作末；次日再炒，砖盖罨[④]；第三日炒成。

【注释】①琉璃瓦：表面用扁青石为药料烧制成的瓦，光亮鲜艳。多用来修盖宫殿、庙宇等。

②黄丹：铅的一种氧化物。可作颜料，亦可入药。

③黑锡：铅的别名。盆硝：也作芒硝、硭硝、芒消、马牙硝、盐硝，是含有结晶水的硫酸钠的俗称。镬：形如大盆，用以煮食物的铁器。

④罨：掩盖，覆盖。

【译文】凡是做琉璃瓦等的规定：用黄丹、洛河石和铜末为药，用水均匀地调和（冬月使用汤来调和均匀）。在瓪瓦的背面、鸱、兽等高出基座不作任何掩盖的部分（青棍与其相同），都做了浇刷。瓪瓦是在仰面内的当心位置（重唇瓪瓦仍然是浇在大头的背上；其线道、条子瓦，浇唇一壁）。

凡是合琉璃药所使用的黄丹阙炒造的规定，将黑锡、盆硝等倒入镬中，熬一天制成粗釉，取出等它冷了之后，捣罗为末；第二天再翻炒，砖盖罨；到了第三天就炒制成功了。

青棍瓦滑石棍、茶土棍

青棍瓦等之制：以干坯用瓦石磨擦；瓪瓦于背，瓪瓦于仰面，磨去布文。次用水湿布揩拭，候干；次以洛河石棍砑[①]；次掺滑石末令匀。用茶土棍者，准先掺茶土，次以石棍砑。

【注释】①砑（yà）：用卵形或弧形的石块碾压或摩擦皮革、布帛等，使紧实而光亮。

【译文】青棍瓦等的规定：干坯是用瓦石来磨擦而成（在瓪瓦的背面和瓪瓦的仰面，磨去布文）；然后用水沾湿布子来擦拭干净，等它干了之后；再用洛河石棍来碾压，使其紧实而光亮；再掺进滑石粉末使其均匀（使用茶土棍的，先是需要掺进茶土，然后再用石棍来碾压，使其紧实而光亮）。

烧变次序

凡烧变砖瓦之制：素白窑，前一日装窑，次日下火烧变，又次日上水窨[①]，更三日开窑，候冷透，及七日出窑。青棍窑，装窑、烧变，出窑日分准上法，先烧芟草，茶土棍者，止于曝窑内搭带，烧变不用柴草、羊屎、油籸[②]。次蒿草、松柏柴、羊屎、麻籸，浓油，盖罨不令透烟。琉璃窑，前一日装窑，次日下火烧变，三日开窑，候火冷，至第五日出窑。

【注释】①窨（yìn）：指封闭使其冷却。

②油籸（shēn）：油渣。籸，粮食、油料等加工后剩下的渣滓。

【译文】凡是烧变砖瓦的规定：素白窑，需提前一天装窑，第二天生火烧变，第三天用水来封闭使其冷却，过了三日就可以开窑了，等到彻底冷却，到了第七天出窑。青棍窑，装窑、烧变、出窑日分别都同素白窑的规定一样。先烧芟草（茶土棍，止于曝窑内搭带，烧变不需要用柴草、羊屎、油籸），然后烧蒿草、松柏柴、羊屎、麻籸，浓油，盖住不要让其透烟。琉璃窑，需提前一天装窑，第二天生火烧变，第三天开窑，等到火堆都冷却下来之后，到第五天就可以出窑了。

垒造窑

垒造之制：大窑高二丈二尺四寸，径一丈八尺。外围地在外。

曝窑同。

门：高五尺六寸，广二尺六寸。曝窑高一丈五尺四寸，径一丈二尺八寸。门高同大窑，广二尺四寸。

平坐[①]：高五尺六寸，径一丈八尺，曝窑一丈二尺八寸。垒二十八层。曝窑同。其上垒五帀[②]，高七尺，曝窑垒三帀，高四尺二寸。垒七层。曝窑同。

收顶：七帀，高九尺八寸，垒四十九层。曝窑四帀，高五尺六寸垒二十八层；逐层各收入五寸，递减半砖。

龟壳窑眼暗突：底脚长一丈五尺，上留空分，方四尺二寸，盖罨实收长二尺四寸。曝窑同。广五寸，垒二十层。曝窑长一丈八尺，广同大窑，垒一十五层。

床：长一丈五尺，高一尺四寸，垒七层。曝窑长一丈八尺，高一尺六寸，垒八层。

壁：长一丈五尺，高一丈一尺四寸，垒五十七层。下作出烟口子、承重托柱。其曝窑长一丈八尺，高一丈，垒五十层。

门两壁：各广五尺四寸，高五尺六寸，垒二十八层，仍垒脊。子门同。曝窑广四尺八寸，高同大窑。

子门两壁：各广五尺二寸，高八尺，垒四十层。

外围：径二丈九尺，高二丈，垒一百层。曝窑径二丈二寸，高一丈八尺，垒五十四层。

池：径一丈，高二尺，垒一十层。曝窑径八尺，高一尺，垒五层。

踏道：长三丈八尺四寸。曝窑长二丈。

凡垒窑，用长一尺二寸、广六寸、厚二寸条砖。平坐并窑门[③]，子门、窑床④，踏外围道，皆并二砌。其窑池下面，作蛾眉垒砌承重。上侧使暗突出烟。

【注释】①平坐：高台或楼层用斗拱等支撑结构挑出用于登临眺望的平台，这一结构层称为平坐。

②帀（zā）：同“匝”，指周，绕一圈。

③窑门：指用来封闭隧道窑两端的密封装置，防小冷空气帘入窑内，以保证窑内烧成制度的稳定。

④窑床：陶瓷窑炉中放置坯件的地方，位于窑室的底部。

【译文】垒造砖窑的规定：大窑高二丈二尺四寸，直径为一丈八尺（不包括外围地。曝窑同此）。

门：高五尺六寸，宽二尺六寸（曝窑高一丈五尺四寸，直径为一丈二尺八寸。门的高度同大窑一样，宽二尺四寸）。

平坐：高五尺六寸，直径为一丈八尺（曝窑平坐的直径为一丈二尺八寸），垒到二十八层（曝窑与其相同）。上面垒了五圈，高七尺（曝窑上面垒了三圈，高四尺二寸），垒了七层（曝窑与其相同）。

收顶：七圈，高九尺八寸，垒了四十九层（曝窑收顶是四圈，高五尺六寸，垒了二十八层；逐层各收入五寸，或者依次减少半砖）。

龟壳窑眼暗突：底脚长一丈五尺（上面留出空间，方长为四尺二寸，烟囱出口的实际长为二尺四寸。曝窑与其相同），宽五寸，垒了二十层（曝窑暗突的底脚长为一丈八寸，宽度同大窑一样，垒了十五层）。

床：长一丈五尺，高一尺四寸，垒了七层（曝窑的床长一丈八尺，高一尺六寸，垒了八层）。

壁：长一丈五尺，高一丈一尺四寸，垒了五十七层（下面造出烟口子、承重托柱。其曝窑的壁长一丈八尺，高一丈，垒了五十层）。

门两壁：分别宽五尺四寸，高五尺六寸，垒了二十八层，仍垒脊

（子门与其相同。曝窑的门两壁宽四尺八寸，高度同大窑一样）。

子门两壁：分别宽五尺二寸，高八尺，垒了四十层。

外围：直径位二丈九尺，高二丈，垒了一百层（曝窑外围的直径是二丈二寸，高一丈八尺，垒了五十四层）。

池：直径位一丈，高二尺，垒了十层（曝窑池的直径是八尺，高一尺，垒了五层）。

踏道：长三丈八尺四寸（曝窑的踏道长二丈）。

但凡是垒造砖窑，都用的是长一尺二寸、宽六寸，厚二寸的条砖。平坐与窑门相连，子门、窑床，踏外围道，全部采用二砖并在一起垒砌。其窑池的下面，做蛾眉垒砌来承受重量。上侧使暗突出烟。

卷第十六

壕寨功限

总杂功

诸土干重六十斤为一担。诸物准此。如粗重物用八人以上、石段用五人以上可举者，或琉璃瓦名件等每重五十斤，为一担。诸石每方一尺①，重一百四十三斤七两五钱。方一寸，二两三钱。砖，八十七斤八两。方一寸，一两四钱。瓦，九十斤六两二钱五分。方一寸，一两四钱五分。

诸木每方一尺，重依下项：

黄松，寒松、赤甲松同。二十五斤。方一寸，四钱。

白松，二十斤。方一寸，三钱二分。

山杂木，谓海枣②、榆、槐木之类。三十斤。方一寸，四钱八分。

诸于三十里外般运物一担，往复一功；若一百二十步以上，约计每往复共一里，六十担亦如之。牵拽舟、车、栰③，地里准此。

诸功作般运物，若于六十步外往复者，谓七十步以下者。并只用本作供作功。或无供作功者，每一百八十担一功。或不及六十步者，每短一步加一担。

诸于六十步内掘土般供者，每七十尺一功。如地坚硬或砂礓[④]相杂者，减二十尺。

诸自下就土供坛基墙等，用本功。如加膊版高一丈以上用者，以一百五十担一功。诸掘土装车及篡篮，每三百三十担一功。如地坚硬或砂礓相杂者，装一百三十担。

诸磨褫[⑤]石段，每石面二尺一功。

诸磨褫二尺方砖，每六口一功。一尺五寸方砖八口，压门砖一十口，一尺三寸方砖一十八口，一尺二寸方砖二十三口，一尺三寸条砖三十五口同。

诸脱造垒墙条墼[⑥]，长一尺二寸，广六寸，厚二寸，干重十斤。每一百口一功。和泥起压在内。

【注释】①方一尺：即一立方尺。

②海枣：植物名。棕榈科海枣属，常绿乔木。原产于非洲及小亚细亚一带。株高约二十三公尺，树冠由羽状叶构成。叶片狭长，花是单性，雌雄异株，果实通常为长圆形。形状、大小、颜色、质地、果肉的黏度，因栽培条件不同而差异很大。也称为"枣椰子"。

③栰：同"筏"。用竹、木等平摆着编扎成的水上交通工具。

④砂礓（jiāng）：土壤中的石灰质结核体。主要由碳酸钙和土粒结合而成，不透水，大的呈块状，小的颗粒状。华北、西北地区常见。

⑤磨褫（chǐ）：磨平、磨掉。褫，剥夺、脱去、解下。

⑥墼（jī）：未烧的砖坯。

【译文】土干重六十斤为一担（各物都以它为标准）。假如粗笨沉重的物体用八人以上才能抬起，石段或者琉璃瓦名件等用五人以上才能抬起的，每五十斤重是一担。一立方尺的石头，重量是一百四十三斤七两五钱（一立方寸的重量是二两三钱）。一立方尺的砖，重量是八十七斤八两（一立方寸的重量是一两四钱）。一立方尺的瓦，重量是九十斤六两二钱五分（一立方寸的重量是一两四钱五分）。

木料每一立方尺的重量，依据以下各项规定：

黄松（寒松、赤甲松相同），重二十五斤（一立方寸的重量是四钱）。

白松，重二十斤（一立方寸的重量是三钱二分）。

山杂木（如海枣、榆、槐木之类），重三十斤（一立方寸的重量是四钱八分）。

从三十里外搬运一担货物，来去一趟就是一功；如果从一百二十步以上的地方搬运货物，大约每来去一趟有一里地，那么搬运六十担货物也是一功（牵拉船、车、筏等也以此里程为准）。

搬运物的各类功的计算，如果是在六十步以上来去的（到七十步以下），把本作功和供作功合并在一起计算。要是有没有供作功的，每一百八十担算作一功。或者不到六十步的，每缺少一步则增加一担。

对于那些在六十步以内挖掘泥土搬运供应的，每七十立方尺算作一功（若是地面坚硬或者有砂礓混杂其中的，减少二十立方尺）。

从下把土送到上面供坛基墙使用的，用本作功。假如加上膊版的高度可达一丈以上，那么搬运一百五十担土算作一功。各类掘土装车或篓篮，每三百三十担算作一功（若是地面坚硬或者有砂礓混杂其中的，装一百三十担算作一功）。

各类磨平石段，每石面二平方尺算作一功。

各种磨平二尺方砖，每六口算作一功（八口一尺五寸的方砖，十口压门砖，十八口一尺三寸的方砖，二十三口一尺二寸的方砖，三十五口一尺三寸的条砖算作一功）。

各种脱造垒墙的条砖坯，一尺二寸长，六寸宽，二寸厚（干重是十斤），每一百口算作一功（和泥起压包括其中）。

筑基

诸殿、阁、堂、廊等基址开掘[1]，出土在内，若去岸一丈以上，即别计般土功。方八十尺，谓每长、广、深、方各一尺为计。就土铺填打筑六十尺，各一功。若用碎砖瓦、石札者，其功加倍。

【注释】①基址：建筑物的基础，即地基。

【译文】各类殿、阁、堂、廊等地基的开掘（出土在地基之内，假如距离搬运地点在一丈以上，那么搬运泥土的功则另外计算），八十立方尺（各用一尺来计算长度、宽度、深度、方长），就土铺填打筑六十平方尺，各为一功。假如有能够利用碎砖瓦、石札来铺填打筑的人，其功就会加倍。

筑城

诸开掘及填筑城基，每各五十尺一功。削掘旧城及就土修筑女头墙及护崄墙者亦如之[1]。

诸于三十步内供土筑城，自地至高一丈，每一百五十担一功。自一丈以上至二丈每一百担，自二丈以上至三丈每九十担，自三丈以上至四丈每七十五担，自四丈以上至五丈每五十五担。同其地步及城高下不等，准此细计。

诸纽草葽二百条，或斫橛子五百枚，若刬削[2]城壁四十尺，般取膊椽功在内。各一功。

【注释】①女头墙：城墙上垛子一类的防护建筑。旧制在城外边约地六尺一个，高者不过五尺，作“山”字样。两女头间留女口一个。崄（xiǎn）：古同“险”。高峻的样子。

②刬（chǎn）削：铲除、除去。

【译文】凡是开挖和填筑城墙的地基，都是以五十尺算作一功。削掘旧城和用成土修筑女头墙、护崄墙的，也是这样规定。

那些在三十步之内运土来筑城的，从地面算起，有一丈高，每一百五十担算作一功（从高一丈以上到二丈，每一百担算作一功；从高两丈以上到三丈，每九十担算作一功；从高三丈以上到四丈，每七十五担算作一功；从高四丈以上至五丈，每五十五担算作一功。其他的同样依据距离的远近以及城的高低不同情况，依据此规定来仔细计算）。

凡是编结二百条草蒌，或是砍五百枚木桩子，如果除去城壁四十平方尺（其中包括搬取膊椽的功），各算作一功。

筑墙

诸开掘墙基，每一百二十尺一功。若就土筑墙，其功加倍。诸用葽、橛就土筑墙，每五十尺一功。就土抽纴筑屋下墙同；露墙六十尺亦准此。

【译文】凡是开挖墙基，每一百二十尺算作一功。假如用成土来筑墙，其功加倍。那些使用草葽、橛子来就土筑墙的，每五十尺算作一功（就土抽纴筑屋下的墙相同；露墙六十尺也依据此规定）。

穿 井

诸穿井[①]开掘，自下出土，每六十尺一功。若深五尺以上，每深一尺，每功减一尺，减至二十尺止。

【注释】①穿井：即开凿水井。

【译文】那些开凿水井的，从底下出土，每六十立方尺算作一功。假如深五尺以上，每加深一尺，每功就减少一尺，减少到二十立方尺为止。

般运功

诸舟船般载物，装卸在内。依下项：

一去六十步外般物装船，每一百五十担；如粗重物一件及一百五十斤以上者减半。

一去三十步外取掘土兼般运装船者，每一百担；一去一十五步外者加五十担。

泝流[①]拽船，每六十担；

顺流驾放，每一百五十担；

右各一功。

诸车般载物，装卸、拽车在内。依下项：

螭车载粗重物：

重一千斤以上者，每五十斤；

重五百斤以上者，每六十斤；

右各一功。

辕辘车载粗重物：

重一千斤以下者，每八十斤一功。

驴拽车：

每车装物重八百五十斤为一运。其重物一件重一百五十斤以上者，别破装卸功。

独轮小车子：扶、驾二人。

每车子装物重二百斤。

诸河内系栰驾放，牵拽般运竹、木依下项：

慢水泝流，谓蔡河之类。牵拽每七十三尺；如水浅，每九十八尺。

顺流驾放，谓汴河之类。每二百五十尺；绾系在内；若细碎及三十件以上者，二百尺。

出漉，每一百六十尺；其重物一件长三十尺以上者，八十尺。

右各一功。

【注释】①泝流：亦作“溯流”。逆着水流方向。

【译文】凡是用舟船来搬运拉载货物（包括装卸），按照以下各项规定：

在距离六十步以外的地方搬物装船，一百五十担（假如搬运粗重物一件或者一百五十斤以上的物品，减半）；

在距离三十步以外的地方把掘出的土搬运装船的，一百担（在距离一十五步以外的地方增加五十担）；

逆着水流拉船，六十担；

顺着水流驾放，一百五十担；

以上各算作一功。

凡是用车来搬运拉载货物（包括装卸、拉车），按照以下各项规定：

用螭车来运载粗重物：

一千斤以上重的，五十斤；

五百斤以上重的，六十斤；

以上各算作一功。

用辕䡍车来运载粗重物：

一千斤以下重的，每八十斤算作一功。

用驴来拉车：

每车装载货物重量达八百五十斤作为一运（一件重物在一百五十斤以上重的，另外计算装卸功）。

独轮小车子（需扶车、驾车，二人）。

每辆车装载货物重量达二百斤。

凡是在河里系栰驾放，牵拉搬运竹、木，按照以下各项规定：

在缓慢水流中逆着水流上行（如蔡河等），牵拉七十三尺（如果水浅，牵拉九十八尺）；

顺着水流驾放（像汴河等），牵拉二百五十尺（包括系绳捆扎；假如货物细碎或者在三十件以上的，牵拉两百尺）；

出漉，牵拉一百六十尺（一件重物在三十尺以上长的，牵拉八十尺）；

以上各算作一功。

供诸作功

诸工作破[①]供作功依下项：

瓦作结瓮；

泥作；

砖作；

铺垒安砌；

砌垒井；

窖作垒窑；

右本作每一功，供作各二功。

大木作钉椽，每一功，供作一功。

小木作安卓[②]，每一件及三功以上者，每一功，供作五分功。平棊、藻井、栱眼、照壁[③]、裹栿版，安卓虽不及三功者并计供作功，即每一件供作不及一功者不计。

【注释】①破：计算。

②安卓：即安装。

③栱眼：大木作斗拱上的一个位置，一般位于华拱、横栱两个扇形的侧面中间，凿好、刻出的一个凹陷部分，应是拱的一种细节加工方法。照壁：厅堂前与正门相对的短墙，作为遮蔽、装饰之用，多饰有图案和文字。

【译文】各类需要计算供作功的工作按照以下各项规定：

瓦作中的结瓮；

泥作；

砖作；

铺垒安砌；

堆砌垒井；

窑作中的垒窑；

以上各类工作，假如原本算作一功，供作就算作二功。

大木中的钉椽，假如原本算作一功，供作也算作一功。

在小木作中，安装一件原本算作一功的构件，供作就算作五分功（对于平棊、藻井、拱眼、照壁、裹栿版等，安装即使本作没有三功的构件也要合并计算供作功，也就是每安装一件构件，供作不到一功的就不做计算了）。

石作功限

总造作功

平面每广一尺，长一尺五寸；打剥、粗搏、细漉、斫砟在内。

四边褊棱凿搏缝，每长二丈；应有棱者准此。

面上布墨蜡，每广一丈，长二丈。安砌在内。减地平钑者，先布墨蜡而后雕镌；其剔地起突及压地隐起华者，并雕镌毕方布蜡；或亦用墨。

右各一功。如平面柱础在墙头下用者，减本功四分功；若墙内用者，减本功七分功。下同。

凡造作石段、名件等，除造覆盆及镌凿圜混，若成形物之类外，其余皆先计平面及褊棱功。如有雕镌者，加雕镌功。

【译文】平面是一尺宽，一尺五寸长（包括打剥、粗搏、细漉、斫砟）；四边整齐平整并凿出搏缝，二丈长（应有棱角的都按照此项规定）；在面上打墨蜡，一丈宽，二丈长（包括安砌。所谓减地平钑，就是先打墨蜡然后再雕刻；剔地起突以及压地隐起华，都是在雕刻完之后再去打蜡；有时候也可以使用墨）。

以上各算作一功（假如平面柱础用在墙头下，本功减少四分功；假如用在墙内，本功减少七分功。以下与此相同）。

凡是制作石段、构件等，除了做覆盆和镌凿圜混等，这类成形物以外，剩下的都是先计算平面和使棱整齐平整的功。假如用了雕刻，就加上雕镌功。

柱础

柱础方二尺五寸，造素覆盆：

造作功：

每方一尺，一功二分；方三尺，方三尺五寸，各加一分功；方四尺，加二分功；方五尺，加三分功；方六尺，加四分功。

雕镌功：其雕镌功并于素覆盆所得功上加之。

方四尺，造剔地起突海石榴华[①]，内间化生，四角水地内间鱼兽之类，或亦用华，下同。八十功。方五尺，加五十功；方六尺，加一百二十功。

方三尺五寸，造剔地起突水地云龙，或牙鱼、飞鱼。宝山，五十功。方四尺，加三十功；方五尺，加七十五功；方六尺，加一百功。

方三尺，造剔地起突诸华，三十五功。方三尺五寸，加五功；方四尺，加一十五功；方五尺，加四十五功；方六尺，加六十五功。

方二尺五寸，造压地隐起诸华，一十四功。方三尺，加一十一功；方三尺五寸，加一十六功；方四尺，加二十六功；方五尺，加四十六功；方六尺，加五十六功。

方二尺五寸，造减地平钑诸华，六功。方三尺，加二功；方三尺五寸，加四功；方四尺，加九功；方五尺，加一十四功；方六尺，加二十四功。

方二尺五寸，造仰覆莲华，一十六功。若造铺地莲华，减八功。

方二尺，造铺地莲华，五功。若造仰覆莲华，加八功。

【注释】①海石榴华：即海石榴花，陶瓷器纹饰。海石榴象征多子，原产伊朗，后随佛教传入中国。常与宝相花、莲花、葡萄等一同作为陶瓷器纹饰。形象上或者是花朵中含石榴果，或者是花苞中装满石榴子，故称“海石榴花”。唐三彩陶器以及宋、元、明、清瓷器上常有此类纹饰。

【译文】柱础的方长是二尺五寸，制成素覆盆：

造作功：

方长一尺，一功二分（方长三尺，方长三尺五寸，各加一分功；方长四尺，加二分功；方长五尺，加三分功；方长六尺，加四分功）；

雕镌功（雕镌功合并在制成素覆盆所得功上加以计算）。

方长四尺，做剔地起突海石榴花，里面有变化产生（四角的水地内有鱼兽等，有时也可用海石榴花，以下相同），**八十功**（方长五尺，加五十功；方长六尺，加一百二十功）。

方长三尺五寸，做剔地起突水地云龙（或者是牙鱼、飞鱼），**宝山，为五十功**（方长四尺，加三十功；方长五尺，加七十五功；方长六尺，加一百功）。

方长三尺，做剔地起突的各类花样，为三十五功（方长三尺五寸，加五功；方长四尺，加十五功；方长五尺，加四十五功；方长六尺，加六十五功）。

方长二尺五寸，做压地隐起的各类花样，为十四功（方长三尺，加十一功；方长三尺五寸，加十六功；方长四尺，加二十六功；方长五尺，加四十六功；方长六尺，加五十六功）。

方长二尺五寸，做减地平钑的各类花样，为六功（方长三尺，加二功；方长三尺五寸，加四功；方长四尺，加九功；方长五尺，加十四功；方长六尺，加二十四功）。

方长二尺五寸，做仰覆莲花，为十六功（假如制造铺地莲花，减八功）。

方长二尺，做铺地莲花，为五功（假如制造仰覆莲花，加八功）。

角石角柱

角石：

安砌功：

角石一段，方二尺，厚八寸，一功。

雕镌功：

角石两侧造剔地起突龙凤间华或云文，一十六功。若面上镌作狮子，加六功；造压地隐起华，减一十功；减地平钑华，减一十二功。

角柱：城门角柱同。

造作剜凿功：

叠涩坐角柱，两面共二十功。

安砌功：

角柱每高一尺，方一尺，二分五厘功。

雕镌功：

方角柱，每长四尺，方一尺，造剔地起突龙凤间华或云文，两面共六十功。若造压地隐起华，减二十五功。

叠涩坐角柱，上、下涩造压地隐起华，两面共二十功。

版柱上造剔地起突云地升龙，两面共一十五功。

【译文】角石：

安砌功：

安砌一段角石，方长二尺，厚八寸，算作一功。

雕镌功：

在角石两侧建造剔地起突龙凤，花纹或者云纹参杂其中，为十六功（假如在面上雕刻狮子，加六功；做压地隐起花纹，减十功；如果做减地平钑花纹，减十二功）。

角柱（城门角柱相同）。

造作剜凿功：

制造剜凿叠涩座子的角柱，两面共二十功。

安砌功：

角柱每高一尺，方长一尺二分五厘，为一功。

雕镌功：

在长四尺，方长一尺的方形角柱上做剔地起突龙凤，花纹或者云纹参杂其中，两面共六十功（假如做压地隐起花纹，减二十五功）。

制造垒涩座子的角柱，上、下涩中做压地隐起花纹，两面共二十功。

版柱上做剔地起突的云地升龙，两面共十五功。

殿阶基

殿阶基一坐：

雕镌功：每一段。头子上减地平钑华，二功。束腰[①]造剔地起突莲华，二功。版柱子上减地平钑华同。挞涩减地平钑华，二功。

安砌功：每一段，土衬石[②]，一功。压阑、地面石同。头子石，二功。束腰石、隔身版柱子、挞涩同。

【注释】①束腰：古代建筑学术语。指建筑中的收束部位。

②土衬石：在台基陡板石之下或须弥座圭角之下，是台明与埋深的分界。

【译文】殿阶基一座：

雕镌功：每一段，头子上做减地平钑花纹，为二功。在束腰做剔地起突莲花，为二功（在版柱子上做减地平钑花纹与此相同）。

在挞涩上做减地平钑花纹，为二功。安砌功：每一段。土衬石，为一功（压阑石、地面石与此相同）。头子石，为二功（束腰石、隔身版柱子、挞涩与此相同）。

地面石

压阑石

地面石、压阑石：

安砌功：每一段，长三尺，广二尺，厚六寸，一功。

雕镌功：压阑石一段，阶头广六寸，长三尺，造剔地起突龙凤间华，二十功。若龙凤间云文，减二功；造压地隐起华，减一十六功；造减地平钑华，减一十八功。

【译文】地面石、压阑石：

安砌功：安砌一段地面石，长三尺，宽二尺，厚六寸，算作一功。

雕镌功：一段压阑石，阶头宽度为六寸，长度为三尺，做剔地起突龙凤，夹杂花纹，为二十功（假如龙凤中有云纹夹杂其中，减二功；龙凤中有压地隐起花纹夹杂其中，减十六功；龙凤中有减地平钑花纹夹杂其中，减十八功）。

殿阶螭首

殿阶螭首，一只，长七尺，

造作镌凿，四十功；

安砌，一十功。

【译文】殿阶螭首，一只，长七尺，

制作镌凿，为四十功；

安砌，为十功。

殿内斗八

殿阶心内斗八，一段，共方一丈二尺。

雕镌功：

斗八心内造剔地起突盘龙一条，云卷水地，四十功。

斗八心外诸窠格内，并造压地隐起龙凤、化生诸华，三百功。

安砌功：

每石二段，一功。

【译文】殿阶中的一段斗八，方长共一丈二尺。

雕镌功：

在斗八中心做一条剔地起突的盘龙，夹杂云纹、水纹，为四十功。

在斗八中心的外围各种窠格里，做压地隐起的龙凤、化生等各类花纹，为三百功。

安砌功：

安砌阶石两段，算作一功。

踏 道

踏道石，每一段长三尺，广二尺，厚六寸。

安砌功：

土衬石，每一段，一功。踏子石同。

象眼石①，每一段，二功。副子石同。

雕镌功：

副子石，一段，造减地平钑华，二功。

【注释】①象眼石：又名菱角石，在垂带踏跺两侧垂带石之下的三角形石件。

【译文】踏道石，每一段长三尺，宽二尺，厚六寸。

安砌功：

安砌土衬石，每一段，算作一功（踏子石与此相同）。

安砌象眼石，每一段，算作二功（副子石与此相同）。

雕镌功：

雕刻一段副子石，做减地平钑花纹，算作二功。

单钩阑重台钩阑、望柱

单钩阑，一段，高三尺五寸，长六尺。

造作功：

剜凿寻杖至地栿等事件，内万字不透。共八十功。

寻杖下若作单托神，一十五功。双托神倍之。

华版内若作压地隐起华、龙或云龙，加四十功。若万字透空亦如之。

重台钩阑：如素造，比单钩阑每一功加五分功；若盆唇、瘿项、地栿、蜀柱，并作压地隐起华，大小华版并作剔地起突华造者，一百六十功。

望柱：

六瓣望柱，每一条，长五尺，径一尺，出上下卯，共一功。

造剔地起突缠柱云龙，五十功。

造压地隐起诸华，二十四功。

造减地平钑华，一十一功。

柱下坐造覆盆莲华，每一枚，七功。

柱上镌凿像生、狮子，每一枚，二十功。

安卓：六功。

【译文】一段单钩阑，高三尺五寸，长六尺。

造作功：

剜凿寻杖、地栿等构件（“万”字在里面不镂空），共八十功。

寻杖下假如要做单托神，为十五功（做双托神则加倍，为三十功）。

华版内假如做压地隐起的花纹、龙或者云龙，加四十功（假如“万”字镂空也是这样）。

重台钩阑：假如只是光制作，不在上面雕刻，比单钩阑每一功多加五分功；如果盆唇、瘿项、地栿、蜀柱等都做成压地隐起的花纹，大小华版都做成剔地起突的花纹，则为一百六十功。

望柱：

每一条六瓣望柱，长五尺，直径一尺，上下全出卯，共一功。

做剔地起突缠柱云龙，为五十功。

做压地隐起的各类花样，为二十四功。

做减地平钑的花纹，为十一功。

做成覆盆莲花样的柱下座，每一枚，为七功。

柱上镌凿像生、狮子等样式，每一枚，为二十功。

安装：六功。

螭子石

安钩阑螭子石一段，

凿札眼剜口子，共五分功。

【译文】安钩一段阑螭子石，

凿札眼、剜口子，共五分功。

门砧限卧立柣、将军石、止扉石

门砧一段，

雕镌功：

造剔地起突华或盘龙，

长五尺，二十五功；

长四尺，一十九功；

长三尺五寸，一十五功；

长三尺，一十二功。

安砌功：

长五尺，四功；

长四尺，三功；

长三尺五寸，一功五分；

长三尺，七分功。

门限，每一段，长六尺，方八寸，

雕镌功：

面上造剔地起突华或盘龙，二十六功。若外侧造剔地起突行龙间云文，又加四功。

卧立柣一副，

剜凿功：

卧柣，长二尺，广一尺，厚六寸，每一段三功五分。

立柣，长三尺，广同卧柣，厚六寸，侧面上分心凿金口一道。五功五分。

安砌功：

卧、立柣，各五分功。

将军石一段，长三尺，方一尺：

造作，四功。安立在内。

止扉石，长二尺，方八寸：

造作，七功。剜口子，凿栓寨眼子在内。

【译文】门砧一段，

雕镌功：

做剔地起突的花纹或者盘龙，

长五尺，为二十五功；

长四尺，为十九功；

长三尺五寸，为十五功；

长三尺，为十二功。

安砌功：

安彻的门砧长五尺，为四功；

安彻的门砧长四尺，为三功；

安彻的门砧长三尺五寸，为一功五分；

安彻的门砧长三尺，为七分功。

一段门限，长六尺，方长为八寸，

雕镌功：

在面上做剔地起突的花纹或者盘龙，为二十六功（假如在外侧做剔地起突的游龙且有云纹夹杂其中，又加四功）。

一副卧立柣，

剜凿功：

剜凿一段长二尺、宽一尺、厚六寸的卧柣，为三功五分。

剜凿一段长三尺、宽与卧柣相同、厚六寸的立柣（且分心在侧面凿了一道金口），为五功五分。

安砌功：

安砌卧柣、立柣，各为五分功。

一段将军石，长三尺，方长为一尺：

光制造，为四功（包括安立）。

止扉石，长二尺，方长为八寸：

光制造，为七功（包括剜口子以及凿栓寨眼子）。

地栿石

城门地栿石、土衬石：

造作剜凿功，每一段：

地栿，一十功；

土衬，三功。

安砌功：

地栿，二功；

土衬，二功。

【译文】城门地栿石、土衬石：

造作剜凿功，每一段：

地栿，为十功；

土衬，为三功。

安砌功：

安砌地栿，为二功；

安砌土衬，为二功。

流杯渠

流杯渠一坐，剜凿水渠造。每石一段，方三尺，厚一尺二寸，造作，一十功。开凿渠道，加二功。

安砌，四功。出水斗子，每一段加一功。

雕镌功：

河道两边面上络周华，各广四寸、造压地隐起宝相华、牡丹华[①]，每一段三功。

流杯渠一坐。砌垒底版造。

造作功：

心内看盘石，一段，长四尺，广三尺五寸；厢壁石及项子石，每一段；

右各八功。

底版石，每一段，三功。

斗子石，每一段，一十五功。

安砌功：

看盘及厢壁、项子石、斗子石，每一段各五功。地架，每段三功。

底版石，每一段，三功。

雕镌功：

心内看盘石，造剔地起突华，五十功。若间以龙凤，加二十功。

河道两边，面上遍造压地隐起华，每一段，二十功。若间以龙凤，加一十功。

【注释】①宝相华：即宝相花，又称宝仙花、宝莲花，是吉祥三宝之一，盛行于隋唐时期。相传它是一种寓有“宝”“仙”之意的装饰图案。纹饰构成，一般以某种花卉（如牡丹、莲花）为主体，中间镶嵌着形状不同、大小粗细有别的其它花叶组成。在金银器、敦煌图案、石刻、织物、刺绣等各方面，常见有宝相花纹样。

【译文】一座流杯渠（剜凿水渠的做法），每一段石头，方长三尺，厚一尺二寸。

造作，为十功（开凿渠道，另加二功）。

安砌，为四功（出水斗子，做成每一段加一功）。

雕镌功：

河道两边的地面上刻了花纹带，宽四寸，做成压地隐起的宝相花、牡丹花，每一段算作三功。

一座流杯渠（砌垒底版的做法）。

造作功：

在中间做一段看盘石，长四尺，宽三尺五寸；做一段厢壁石及项子石；

以上各为八功。

做一段底版石，为三功。

做一段斗石子，为十五功。

安砌功：

安砌看盘和厢壁、项子石、斗子石，每一段各为五功（安砌地架，每一段为三功）。

安砌底版石，每一段为三功。

雕镌功：

雕刻中间看盘石，花纹做成剔地起突样，为五十功（假如有龙凤参杂其中，加二十功）。

河道两边，地面上刻满花纹成压地隐起样，每一段，为二十功（假如有龙凤花纹参杂其中，加十功）。

坛

坛一坐，

雕镌功：

头子、版柱子、挞涩，造减地平钑华，每一段，各二功。束腰剔地起突造莲华亦如之。

安砌功：

土衬石，每一段，一功。

头子、束腰、隔身版柱子、挞涩石，

每一段，各二功。

【译文】一座坛：

雕镌功：

雕刻头子、版柱子、挞涩，花纹做成减地平钑样，每一段，各为二功（在束腰上做莲花成剔地起突样也是这样的）。

安砌功：

安砌一段土衬石，算作一功。

安砌头子、束腰、隔身版柱子、挞涩石，

每一段，各为二功。

卷輂水窗

卷輂水窗石，河渠同。每一段，长三尺，广二尺，厚六寸，

开凿功：

下熟铁[1]鼓卯，每二枚，一功。

安砌：一功。

【注释】①熟铁：将生铁在炉中加热锻炼，烧去部分碳，而使含碳量减少的铁。具有良好的抗蚀性。也称为“锻铁”“软铁”。

【译文】每一段卷輂水窗石（河渠上的与此相同），长三尺，宽二尺，厚六寸。

开凿功：

下熟铁鼓卯，每两枚，为一功。

安砌：一功。

水 槽

水槽，长七尺，高、广各二尺，深一尺八寸，

造作开凿，共六十功。

【译文】水槽，长七尺，高、宽各为二尺，深一尺八寸，

制造和开凿，共六十功。

马 台

马台，一坐，高二尺二寸，长三尺八寸，广二尺二寸，

造作功：

剜凿踏道，三十功。叠涩造二十功。

雕镌功：

造剔地起突华，一百功；

造压地隐起华，五十功；

造减地平钑华，二十功；

台面造压地隐起水波内出没鱼兽，加一十功。

【译文】一座马台，高二尺二寸，长三尺八寸，宽二尺二寸，

造作功：

剜凿踏道，为三十功（做叠涩二十功）。

雕镌功：

花纹做成剔地起突，为一百功；

花纹做成压地隐起，为五十功；

花纹做成减地平钑，为二十功；

台面上做压地隐起的水波内有鱼兽出没的花纹，加十功。

井口石

井口石并盖口拍子，一副，

造作镌凿功：

透井口石，方二尺五寸，井口径一尺，共一十二功。造素覆盆，加二功；若华覆盆，加六功。

安砌：二功。

【译文】一副井口石和盖口拍子，

造作镌凿功：

凿穿方长为二尺五寸、井口直径为一尺的井口石，共十二功（制作素覆盆，加二功；假如制作莲花覆盆，加六功）。

安砌：二功。

山棚鋜脚石

山棚鋜脚石，方二尺，厚七寸，

造作开凿，共五功。

安砌，一功。

【译文】山棚鋜脚石，方长二尺，厚七寸，

制造开凿，共为五功。

安砌，一功。

幡竿颊

幡竿颊，一坐，

造作开凿功：

颊，二条，及开栓眼，共十六功；

鋜脚，六功。

雕镌功：

造剔地起突华，一百五十功；

造压地隐起华，五十功；

造减地平钑华，三十功。

安卓：一十功。

【译文】一座幡竿颊，

造作开凿功：

制作颊，二条，并凿出栓眼，共十六功；

制作鋜脚，为六功。

雕镌功：

花纹做成剔地起突样，为一百五十功；

花纹做成压地隐起样，为五十功；

花纹做成减地平钑样，为三十功。

安卓：十功。

赑屃碑

赑屃鳌坐碑，一坐，

雕镌功：

碑首，造剔地起突盘龙、云盘，共二百五十一功；

鳌坐，写生镌凿，共一百七十六功；

土衬，周回造剔地起突宝山、水地等，七十五功；

碑身，两侧造剔地起突海石榴华或云龙，一百二十功；

络周造减地平钑华，二十六功。

安砌功：

土衬石，共四功。

【译文】一座赑屃鳌坐碑，

雕镌功：

碑首做盘龙、云盘成剔地起突样，共二百五十一功；

在鳌坐上，写生雕刻，共一百七十六功；

在土衬周围做宝山、水地等成剔地起突样，为七十五功。

在碑身两侧做海石榴花或云龙成剔地起突样，为一百二十功；

环绕碑身做花纹成减地平钑样，为二十六功。

安砌功：

安砌土衬石，共四功。

笏头碣

笏头碣，一坐，

雕镌功：

碑身及额，络周造减地平钑华，二十功；

方直坐上造减地平钑华，一十五功；

叠涩坐，剜凿，三十九功；

叠涩坐上造减地平钑华，三十功。

【译文】一座笏头碣，

雕镌功：

碑身和额，环绕四周做花纹成减地平钑样，为二十功；

方直座上做花纹成减地平钑样，为十五功；

叠涩座，做剜凿，为三十九功；

叠涩座上做花纹成减地平钑样，为三十功。

卷第十七

大木作功限一

栱、枓等造作功

造作功并以第六等材为准。

材长四十尺，一功。材每加一等，递减四尺；材每减一等，递增五尺。

栱：

令栱，一只，二分五厘功。

华栱，一只；

泥道栱，一只；

瓜子栱，一只；

右各二分功。

慢栱，一只，五分功。

若材每加一等，各随逐等加之：华栱、令栱、泥道栱、瓜子栱、慢栱，并各加五厘功。若材每减一等，各随逐等减之：华栱减二厘功；令栱减三厘功；泥道栱、瓜子栱，各减一厘功；慢栱减五厘功。其自第四等加第三等，于递加功内减半加之。加足材及枓、柱、槫之类并准此。

若造足材栱，各于逐等栱上更加功限：华栱、令栱，各加五厘功；泥道栱、瓜子栱，各加四厘功；慢栱加七厘功，其材每加、减一等，递加、减各一厘功。如角内列栱，各以栱头为计。

枓：

栌枓，一只，五分功。材每增减一等，递加减各一分功。

交互枓，九只；材每增减一等，递加减各一只。

齐心枓，十只；加减同上。

散枓，一十一只；加减同上。

右各一功。

出跳上名件：

昂尖，一十一只，一功。加减同交互枓法。

爵头，一只；

华头子，一只；

右各一分功。材每增减一等，递加减各二厘功，身内并同材法。

【译文】造作功都以第六等材为准。

材长四十尺，算作一功（材每提高一等，长就减少四尺；材每下降一等，长就增加五尺）。

栱：

一只令栱，为二分五厘功。

一只华栱；

一只泥道栱；

一只瓜子栱；

以上各为二分功。

一只慢栱，算作五分功。

假如材每提高一等，各自按照所在等级相应增加：华栱、令栱、泥道栱、瓜子栱、慢栱，各增加五厘功。假如材每下降一等，各自按照所在等级相应减少：华栱减二厘功；令栱减三厘功；泥道栱、瓜子栱，各减一厘功；慢栱减五厘功。材从第四等上升到第三等，将增加的功减少一半再增加（增加足材以及枓、柱、槫之类也依照此标准）。

假如做足材栱，分别在对应的等级上再增加功限：华栱、令栱，各加五厘功；泥道栱、瓜子栱，各加四厘功；慢栱加七厘功，材每提高或下降一等，就分别增加或减少一厘功。要是在角内列栱，分别按照栱头来计算。

枓：

一只栌枓，算作五分功（材每提高或下降一等，就分别增加或者减少一分功）；

九只交互枓（材每提高或者下降一等，就分别增加或减少一只）；

十只齐心枓（加减的方法依照交互枓的规定）；

十一只散枓（加减的方法依照交互枓的规定）；

以上各算作一功。

出跳上构件：

十一只昂尖，算作一功（加减的方法依照交互枓的规定）。

一只爵头；

一只华头子；

以上各算作一分功（材每提高或者下降一等，就分别增加或者减少二厘功，身内其他构件的规定同材的一样）。

殿阁外檐补间铺作用栱、枓等数

殿阁等外檐[①]，自八铺作至四铺作，内外并重栱计心，外跳[②]出下昂，里跳出卷头，每补间铺作一朵用栱、昂等数下项。八铺作里跳用七铺作，若七铺作里跳用六铺作，其六铺作以下，里外跳并同。转角者准此。

自八铺作至四铺作各通用：

单材华栱，一只；若四铺作插昂，不用。

泥道栱，一只；

令栱，二只；

两出耍头[③]，一只；并随昂身上下斜势，分作二只，内四铺作不分。

衬方头[④]，一条；足材，八铺作，七铺作，各长一百二十分；六铺作，五铺作，各长九十分；四铺作，长六十分。

栌枓，一只；

暗契，二条；一条长四十六分，一条长七十六分；八铺作、七铺作又加二条；各长随补间之广。

昂栓，二条；八铺作，各长一百三十分；七铺作，各长一百一十五分；六铺作，各长九十五分；五铺作，各长八十分；四铺作，各长五十分。

八铺作、七铺作各独用：

第二杪华栱，一只；长四跳。

第三杪外华头子、内华栱，一只；长六跳。

六铺作、五铺作各独用:

第二杪外华头子、内华栱,一只。长四跳。

八铺作独用:

第四杪内华栱,一只。外随昂、槫斜,长七十八分。

四铺作独用:

第一杪外华头子,内华栱,一只。长两跳;若卷头,不用。

自八铺作至四铺作各用:

瓜子栱:

八铺作,七只;

七铺作,五只;

六铺作,四只;

五铺作,二只;四铺作不用。

慢栱:

八铺作,八只;

七铺作,六只;

六铺作,五只;

五铺作,三只;

四铺作,一只。

下昂:

八铺作,三只;一只身长三百分;一只身长二百七十分;一只身长一百七十分。

七铺作,二只;一只身长二百七十分;一只身长一百七十分。

六铺作,二只;只身长二百四十分;一只身长一百五十分。

五铺作，一只；身长一百二十分。

四铺作插昂，一只。身长四十分。

交互枓：

八铺作，九只；

七铺作，七只；

六铺作，五只；

五铺作，四只；

四铺作，二只。

齐心枓：

八铺作，一十二只；

七铺作，一十只；

六铺作，五只；五铺作同。

四铺作，三只。

散枓：

八铺作，三十六只；

七铺作，二十八只；

六铺作，二十只；

五铺作，一十六只；

四铺作，八只。

【注释】①外檐：指从屋脊两侧延伸出去的外沿，通常作为遮风排雨之用。

②外跳：宋式建筑大木作斗拱部分。即整朵斗拱自柱中心，沿进

深或面阔方向，向外延伸的昂栱组合，清式建筑称“外拽”。下昂：指顺着屋面坡度，自内向外、自上而下斜置的木构件。

③耍头：最上一层栱或昂之上，与令栱相交而向外伸出如蚂蚱头状者，也叫做“爵头”“胡孙头”。

④衬方头：宋式斗栱最上一层出跳之木，在耍头之上，用以拉固撩檐枋及平棊枋。

【译文】殿阁等外檐，从八铺作到四铺作，里外都做成重栱计心，外跳出下昂，里跳出卷头，每个补间铺作一朵使用的栱、昂等的数量按照以下规定（八铺作里跳用七铺作，假如七铺作里跳用六铺作，六铺作以下，里外跳一样，转角的也是这样）。

从八铺作到四铺作各自通用：

一只单材华栱（假如四铺作插昂，就不使用）；

一只泥道栱；

二只令栱；

一只两出耍头（一起随着昂身上下的斜势，分为二只，内四铺作不分）；

一条衬方头（足材，八铺作、七铺作，分别长一百二十分；六铺作、五铺作，分别长九十分；四铺作，长六十分）。

一只栌枓；

二条暗栔（一条长四十六分，另一条长七十六分；八铺作、七铺作又加上二条；各自的长度按照补间的宽度来决定）；

二条昂栓（八铺作，昂栓分别长一百三十分；七铺作，昂栓分别长一百一十五分；六铺作，昂栓分别长九十五分；五铺作，昂栓分别长八十分；四铺作，昂栓分别长五十分）。

八铺作、七铺作分别单独采用：

一只第二杪华栱（长四跳）；

一只第三杪外华头子、内华栱（长六跳）；

六铺作、五铺作分别单独采用：

一只第二杪外华头子、内华栱（长四跳）。

八铺作单独采用：

一只第四杪内华栱（外随昂、搏斜，长七十八分）。

四铺作单独采用：

一只第一杪外华头子、内华栱（长两跳；要是卷头，就不采用）。

从八铺作到四铺作各用：

瓜子栱：

八铺作，有七只；

七铺作，有五只；

六铺作，有四只；

五铺作，有二只（四铺作不用）。

慢栱：

八铺作，有八只；

七铺作，有六只；

六铺作，有五只；

五铺作，有三只；

四铺作，有一只。

下昂：

八铺作，有三只（一只身长为三百分；一只身长为二百七十分；一只身长为一百七十分）；

七铺作，有二只（一只身长为二百七十分；一只身长为一百七十分）；

六铺作，有二只（一只身长为二百四十分；一只身长为一百五十分）；

五铺作，有一只（身长为一百二十分）；

四铺作插昂，有一只（身长为四十分）。

交互枓：

八铺作，有九只；

七铺作，有七只；

六铺作，有五只；

五铺作，有四只；

四铺作，有二只。

齐心枓：

八铺作，有十二只；

七铺作，有十只；

六铺作，有五只（五铺作与此相同）；

四铺作，有三只。

散枓：

八铺作，有三十六只；

七铺作，有二十八只；

六铺作，有二十只；

五铺作，有十六只；

四铺作，有八只。

殿阁身槽内补间铺作用栱、枓等数

殿阁身槽内里外跳，并重栱计心出卷头。每补间铺作一朵用栱、枓等数下项：

自七铺作至四铺作各通用：

泥道栱，一只；

令栱，二只；

两出耍头，一只；七铺作，长八跳；六铺作，长六跳；五铺作，长四跳；四铺作，长两跳。

衬方头，一只；长同上。

栌枓，一只；

暗栔，二条。一条长七十六分；一条长四十六分。

自七铺作至五铺作各通用：

瓜子栱：

七铺作，六只；

六铺作，四只；

五铺作，二只。

自七铺作至四铺作各用：

华栱：

七铺作，四只；一只长八跳；一只长六跳；一只长四跳；一只长两跳。

六铺作，三只；一只长六跳；一只长四跳；一只长两跳。

五铺作，二只；一只长四跳；一只长两跳。

四铺作，一只；长两跳。

慢栱：

七铺作，七只；

六铺作，五只；

五铺作，三只；

四铺作，一只。

交互枓：

七铺作，八只；

六铺作，六只；

五铺作，四只；

四铺作，二只。

齐心枓：

七铺作，一十六只；

六铺作，一十二只；

五铺作，八只；

四铺作，四只。

散枓：

七铺作，三十二只；

六铺作，二十四只；

五铺作，一十六只；

四铺作，八只。

【译文】殿阁身槽内的里外跳，全是重栱计心出卷头。每个补间铺作一朵使用的栱、枓等的数量按照以下规定：

从七铺作到四铺作各自通用：

一只泥道栱；

二只令栱；

一只两出耍头（七铺作，长八跳；六铺作，长六跳；五铺作，长四跳；四铺作，长两跳）；

一只衬方头（长同上）；

一只栌枓；

二条暗栔（一条长七十六分；另一条长四十六分）。

从七铺作到五铺作各自通用：

瓜子栱：

七铺作，有六只；

六铺作，有四只；

五铺作，有二只。

从七铺作到四铺作各用：

华栱：

七铺作，有四只（一只长八跳；一只长六跳；一只长四跳；一只长两跳）；

六铺作，有三只（一只长六跳；一只长四跳；一只长两跳）；

五铺作，有二只（一只长四跳；一只长两跳）；

四铺作，有一只（长两跳）。

慢栱：

七铺作，有七只；

六铺作，有五只；

五铺作，有三只；

四铺作，有一只。

交互枓：

七铺作，有八只；

六铺作，有六只；

五铺作，有四只；

四铺作，有二只。

齐心枓：

七铺作，有十六只；

六铺作，有十二只；

五铺作，有八只；

四铺作，有四只。

散枓：

七铺作，有三十二只；

六铺作，有二十四只；

五铺作，有十六只；

四铺作，有八只。

楼阁平坐补间铺作用栱、枓等数

楼阁平坐，自七铺作至四铺作，并重栱计心，外跳出卷头，里跳挑斡棚栿及穿串上层柱身，每补间铺作一朵，使栱、枓等数下项：

自七铺作至四铺作各通用：

泥道栱，一只；

令栱，一只；

耍头，一只；七铺作，身长二百七十分；六铺作，身长二百四十分；五铺作，身长二百一十分；四铺作，身长一百八十分。

衬方，一只；七铺作，身长三百分；六铺作，身长二百七十分；五铺作，身长二百四十分；四铺作，身长二百一十分。

栌枓，一只；

暗栔，二条。一条长七十六分；一条长四十六分。

自七铺作至五铺作各通用：

瓜子栱：

七铺作，三只；

六铺作，二只；

五铺作，一只。

自七铺作至四铺作各用：

华栱：

七铺作，四只；一只身长一百五十分；一只身长一百二十分；一只身长九十分；一只身长六十分。

六铺作，三只；一只身长一百二十分；一只身长九十分；一只身长六十分。

五铺作，二只；一只身长九十分；一只身长六十分。

四铺作，一只；身长六十分。

慢栱：

七铺作，四只；

六铺作，三只；

五铺作，二只；

四铺作，一只。

交互枓：

七铺作，四只；

六铺作，三只；

五铺作，二只；

四铺作，一只。

齐心枓：

七铺作，九只；

六铺作，七只；

五铺作，五只；

四铺作，三只。

散枓：

七铺作，一十八只；

六铺作，一十四只；

五铺作，一十只；

四铺作，六只。

【译文】楼阁平坐，从七铺作到四铺作，全是重栱计心，外跳出卷头，里跳挑斡棚栿及穿串上层柱身，每个补间铺作一朵使用的栱、枓等的数量按照以下规定：

从七铺作到四铺作各自通用：

一只泥道栱；

一只令栱；

一只耍头（七铺作，身长为二百七十分；六铺作，身长为二百四十分；五铺作，身长为二百一十分；四铺作，身长为一百八十分）；

一只衬方（七铺作，身长为三百分；六铺作，身长为二百七十分；五铺作，身长为二百四十分；四铺作，身长为二百一十分）；

一只栌枓；

二条暗梨（一条长七十六分；另一条长四十六分）。

从七铺作到五铺作各自通用：

瓜子栱：

七铺作，有三只；

六铺作，有二只；

五铺作，有一只。

从七铺作到四铺作各用：

华栱：

七铺作，有四只（一只身长为一百五十分；一只身长为一百二十分；一只身长为九十分；一只身长为六十分）；

六铺作，有三只（一只身长为一百二十分；一只身长为九十分；一只身长为六十分）；

五铺作，有二只（一只身长为九十分；一只身长为六十分）；

四铺作，有一只（身长为六十分）；

慢栱：

七铺作，有四只；

六铺作，有三只；

五铺作，有二只；

四铺作，有一只。

交互枓：

七铺作，有四只；

六铺作，有三只；

五铺作，有二只；

四铺作，有一只。

齐心枓：

七铺作，有九只；

六铺作，有七只；

五铺作，有五只；

四铺作，有三只。

散枓：

七铺作，有十八只；

六铺作，有十四只；

五铺作，有十一只；

四铺作，有六只。

枓口跳每缝用栱、枓等数

枓口跳，每柱头外出跳一朵用栱、枓等下项：

泥道栱，一只；

华栱头，一只；

栌枓，一只；

交互枓，一只；

散枓，二只；

暗栔，二条。

【译文】枓口跳，每个柱头外出跳一朵使用的栱、枓等的数量按照以下规定：

一只泥道栱；

一只华栱头；

一只栌枓；

一只交互枓；

二只散枓；

二条暗栔。

把头绞项作每缝用栱、枓等数

把头绞项作，每柱头用栱、枓等下项：

泥道栱，一只；

耍头，一只；

栌枓，一只；

齐心枓，一只；

散枓，二只；

暗栔，二条。

【译文】把头绞项作，每个柱头使用栱、枓等的数量按照以下规定：

一只泥道栱；

一只耍头；

一只栌枓；

一只齐心枓；

二只散枓；

二条暗栔。

铺作每间用方桁等数

自八铺作至四铺作，每一间一缝内、外用方桁等下项：

方桁：

八铺作，一十一条；

七铺作，八条；

六铺作，六条；

五铺作，四条；

四铺作，二条；

橑檐方，一条。

遮椽版：难子加版数一倍；方一寸为定。

八铺作，九片；

七铺作，七片；

六铺作，六片；

五铺作，四片；

四铺作，二片。

殿槽内，自八铺作至四铺作，每一间一缝内、外用方桁等下项：

方桁：

七铺作，九条；

六铺作，七条；

五铺作，五条；

四铺作，三条。

遮椽版：

七铺作，八片；

六铺作，六片；

五铺作，四片；

四铺作，二片。

平坐，自八铺作至四铺作，每间外出跳用方桁等下项：

方桁：

七铺作，五条；

六铺作，四条；

五铺作，三条；

四铺作，二条。

遮椽版：

七铺作，四片；

六铺作，三片；

五铺作，二片；

四铺作，一片；

雁翅版，一片。广三十分。

枓口跳，每间内前、后檐用方桁等下项：

方桁，二条；

橑檐方，二条。

把头绞项作，每间内前、后檐用方桁下项：

方桁，二条。

凡铺作，如单栱或偷心造，或柱头内骑绞梁栿处，出跳皆随所用铺作除减枓栱。如单栱造者，不用慢栱，其瓜子栱并改作令栱。若里跳别有增减者，各依所出之跳加减。其铺作安勘、绞割、展拽，每一朵昂栓、暗栔、暗枓口安札及行绳墨等功并在内，以上转角者并准此。取所用枓、栱等造作功，十分中加四分。

【译文】从八铺作到四铺作，每一间一缝内、外分别使用方桁等的数量按照以下规定：

方桁：

八铺作，用十一条；

七铺作，用八条；

六铺作，用六条；

五铺作，用四条；

四铺作，用二条；

橑檐枋，用一条。

遮椽版（难子比板子的数量要多上一倍；方长一寸为标准）。

八铺作，用九片；

七铺作，用七片；

六铺作，用六片；

五铺作，用四片；

四铺作，用二片。

殿槽内，从八铺作到四铺作，每一间一缝内、外分别使用方桁等的数量按照以下规定：

方桁：

七铺作，用九条；

六铺作，用七条；

五铺作，用五条；

四铺作，用三条。

遮椽版：

七铺作，用八片；

六铺作，用六片；

五铺作，用四片；

四铺作，用二片。

平坐，从八铺作到四铺作，每一间外出跳使用方桁等的数量按照以下规定：

方桁：

七铺作，用五条；

六铺作，用四条；

五铺作，用三条；

四铺作，用二条。

遮椽版：

七铺作，用四片；

六铺作，用三片；

五铺作，用二片；

四铺作，用一片；

雁翅版，用一片（宽三十分）。

枓口跳，每一间内前、后檐分别使用方桁等的数量按照以下规定：

方桁，用二条；

橑檐枋，用二条。

把头绞项作，每一间内前、后檐分别使用方桁的数量按照以下规定：

方桁，用二条。

但凡是铺作，像单栱及偷心造，或柱头内骑绞梁栿处，出跳全是随着所使用的铺作来除减枓栱（例如单栱不用慢栱，它的瓜子栱全部改作令栱。假如里跳另外有增加或者减少，各自依照所出之跳来增加或减少）。安勘、绞割、展拽等铺作，每一朵（包括昂栓、暗栔、暗枓口的安札及进行绳墨等的功，转角的这些构件都依照此项规定计算）取所用枓、栱等的造作功，十分中另加四分。

卷第十八

大木作功限二

殿阁外檐转角铺作用栱、枓等数

殿阁等自八铺作至四铺作，内、外并重栱计心，外跳出下昂，里跳出卷头，每转角铺作一朵用栱、昂等数下项：

自八铺作至四铺作各通用：

华栱列泥道栱，二只；若四铺作插昂，不用。

角内耍头，一只；八铺作至六铺作，身长一百一十七分；五铺作、四铺作，身长八十四分。

角内由昂，一只；八铺作，身长四百六十分；七铺作，身长四百二十分；六铺作，身长三百七十六分；五铺作，身长三百三十六分；四铺作，身长一百四十分。

栌枓，一只；

暗栔，四条。二条长三十一分；二条长二十一分。

自八铺作至五铺作各通用：

慢栱列切几头，二只；

瓜子栱列小栱头分首，二只；身长二十八分。

角内华栱，一只；

足材耍头，二只；八铺作，七铺作，身长九十分；六铺作、五铺作，身长六十五分。

衬方，二条。八铺作、七铺作，长一百三十分；六铺作，五铺作，长九十分。

自八铺作至六铺作各通用：

令栱，二只；

瓜子栱列小栱头分首，二只；身内交隐鸳鸯栱，长五十三分。

令栱列瓜子栱，二只；外跳用。

慢栱列切几头分首，二只；外跳用，身长二十八分。

令栱列小栱头，二只；里跳用。

瓜子栱列小栱头分首，四只；里跳用，八铺作添二只。

慢栱列切几头分首，四只。八铺作同上。

八铺作、七铺作各独用：

华头子，二只；身连间内方桁。

瓜子栱列小栱头，二只；外跳用，八铺作添二只。

慢栱列切几头，二只；外跳用，身长五十三分。

华栱列慢栱，二只；身长二十八分。

瓜子栱，二只；八铺作添二只。

第二杪华栱，一只；身长七十四分。

第三杪外华头子、内华栱，一只。身长一百四十七分；

六铺作、五铺作各独用：

华头子列慢栱，二只。身长二十八分。

八铺作独用：

慢栱，二只；

慢栱列切几头分首，二只；身内交隐鸳鸯栱，长七十八分；

第四杪内华栱，一只。外随昂、槫斜，一百一十七分。

五铺作独用：

令栱列瓜子栱，二只。身内交隐鸳鸯栱，身长五十六分。

四铺作独用：

令栱列瓜子栱分首，二只；身长三十分。

华头子列泥道栱，二只；

耍头列慢栱，二只；身长三十分。

角内外华头子、内华栱，一只。若卷头造，不用。

自八铺作至四铺作各用：

交角昂：

八铺作，六只；二只身长一百六十五分；二只身长一百四十分；二只身长一百一十五分。

七铺作，四只；二只身长一百四十分；二只身长一百一十五分。

六铺作，四只；二只身长一百分；二只身长七十五分。

五铺作，二只；身长七十五分。

四铺作，二只。身长三十五分。

角内昂：

八铺作，三只；一只身长四百二十分；一只身长三百八十分；一只身长二百分。

七铺作，二只；一只身长三百八十分；一只身长二百四十分。

六铺作，二只；一只身长三百三十六分；一只身长一百七十五分。

五铺作、四铺作，各一只。五铺作，身长一百七十五分；四铺作，身长五十分。

交互枓：

八铺作，一十只；

七铺作，八只；

六铺作，六只；

五铺作，四只；

四铺作，二只。

齐心枓：

八铺作，八只；

七铺作，六只；

六铺作，二只。五铺作、四铺作同。

平盘枓：

八铺作，一十一只；

七铺作，七只；六铺作同。

五铺作，六只；

四铺作，四只。

散枓：

八铺作，七十四只；

七铺作，五十四只；

六铺作，三十六只；

五铺作，二十六只；

四铺作，一十二只。

【译文】殿阁等从八铺作到四铺作，内、外全部属于重栱计心，外跳出下昂，里跳出卷头，每一个转角铺作一朵使用栱、昂等的数量按照以下规定：

从八铺作到四铺作分别通用：

二只华栱列泥道栱（假如四铺作插昂，就不采用）；

一只角内耍头（从八铺作到六铺作，身长为一百一十七分；五铺作、四铺作，身长为八十四分）；

一只角内由昂（八铺作，身长为四百六十分；七铺作，身长为四百二十分；六铺作，身长为三百七十六分；五铺作，身长为三百三十六分；四铺作，身长为一百四十分）；

一只栌枓；

四条暗栔（二条的长度是三十一分；另外二条的长度是二十一分）；

从八铺作到五铺作分别通用：

二只慢栱列切几头；

二只瓜子栱列小栱头分首（身长为二十八分）；

一只角内华栱；

二只足材耍头（八铺作、七铺作，身长为九十分；六铺作、五铺作，身长为六十五分）；

两条衬方（八铺作、七铺作，长度为一百三十分；六铺作、五铺作，长度为九十分）。

从八铺作到六铺作分别通用：

二只令栱；

二只瓜子栱列小栱头分首（在身内雕刻交隐鸳鸯栱，长度是五十三分）；

二只令栱列瓜子栱（外跳用）；

二只慢栱列切几头分首（外跳用，身长为二十八分）；

二只令栱列小栱头（里跳用）；

四只瓜子栱列小栱头分首（里跳用，八铺作另加二只）；

四只慢栱列切几头分首（八铺作同上）。

八铺作、七铺作分别单独使用：

二只华头子（华头子与间内方桁相连）；

二只瓜子栱列小栱头（外跳用，八铺作加二只）；

二只慢栱列切几头（外跳用，身长为五十三分）；

二只华栱列慢栱（身长为二十八分）；

二只瓜子栱（八铺作另加二只）；

一只第二杪华栱（身长为七十四分）；

一只第三杪外华头子、内华栱（身长为一百四十七分）。

六铺作、五铺作分别单独使用：

二只华头子列慢栱（身长为二十八分）。

八铺作单独使用：

二只慢栱；

二只慢栱列切几头分首（身内雕刻交隐鸳鸯栱，长度为七十八分）；

一只第四杪内华栱（跟着昂、榑斜向外，为一百一十七分）。

五铺作单独使用：

二只令拱列瓜子栱（身内雕刻交隐鸳鸯栱，身长为五十六分）。

四铺作单独使用：

二只令栱列瓜子栱分首（身长为三十分）；

二只华头子列泥道栱；

二只耍头列慢栱（身长为三十分）；

一只角内外华头子、内华栱（要是卷头，就不使用）。

从八铺作到四铺作各自使用：

交角昂：

八铺作，有六只（二只身长为一百六十五分；二只身长为一百四十分；二只身长为一百一十五分）；

七铺作，有四只（二只身长为一百四十分；另外二只身长为一百一十五分）；

六铺作，有四只（二只身长为一百分；另外二只身长为七十五分）；

五铺作，有二只（身长为七十五分）；

四铺作，有二只（身长为三十五分）。

角内昂：

八铺作，有三只（一只身长为四百二十分；一只身长为三百八十分；一只身长为二百分）；

七铺作，有二只（一只身长为三百八十分；一只身长为一百七十五分）；

六铺作，有二只（一只身长为三百三十六分；一只身长为一百七十五分）；

五铺作、四铺作，各有一只（五铺作的，身长为一百七十五分；四铺作的，身长为五十分）。

交互枓：

八铺作，有十只；

七铺作，有八只；

六铺作，有六只；

五铺作，有四只；

四铺作，有二只。

齐心枓：

八铺作，有八只；

七铺作，有六只；

六铺作，有二只（五铺作、四铺作与此相同）。

平盘枓：

八铺作，有十一只；

七铺作，有七只（六铺作与此相同）；

五铺作，有六只；

四铺作，有四只。

散枓：

八铺作，有七十四只；

七铺作，有五十四只；

六铺作，有三十六只；

五铺作，有二十六只；

四铺作，有十二只。

殿阁身内转角铺作用栱、枓等数

殿阁身槽内里外跳，并重栱计心出卷头，

每转角铺作一朵用栱、枓等数下项：

自七铺作至四铺作各通用：

华栱列泥道栱，三只；外跳用。

令栱列小栱头分首，二只；里跳用。

角内华栱，一只；

角内两出耍头，一只；七铺作，身长二百八十八分；六铺作，身长一百四十七分；五铺作，身长七十七分；四铺作，身长六十四分。

栌枓，一只；

暗栔，四条。二条长三十一分；二条长二十一分。

自七铺作至五铺作各通用：

瓜子栱列小栱头分首，二只；外跳用，身长二十八分。

慢栱列切几头分首，二只；外跳用，身长二十八分。

角内第二杪华栱，一只。身长七十七分。

七铺作、六铺作各独用：

瓜子栱列小栱头分首，二只；身内交隐鸳鸯栱，身长五十三分。

慢栱列切几头分首，二只；身长五十三分。

令栱列瓜子栱，二只；

华栱列慢栱，二只；

骑栿令栱，二只；

角内第三杪华栱，一只。身长一百四十七分。

七铺作独用：

慢栱列切几头分首，二只；身内交隐鸳鸯栱，身长七十八分。

瓜子栱列小栱头，二只；

瓜子丁头栱，四只；

角内第四杪华栱，一只。身长二百一十七分。

五铺作独用：

骑栿令栱分首，二只；身内交隐鸳鸯栱，身长五十三分。

四铺作独用：

令栱列瓜子栱分首，二只；身长二十分。

耍头列慢栱，二只。身长三十分。

自七铺作至五铺作各用：

慢栱列切几头：

七铺作，六只；

六铺作，四只；

五铺作，二只。

瓜子栱列小栱头。数并同上。

自七铺作至四铺作各用：

交互枓：

七铺作，四只；六铺作同。

五铺作，二只。四铺作同。

平盘枓：

七铺作，一十只；

六铺作，八只；

五铺作，六只；

四铺作，四只。

散枓：

七铺作，六十只；

六铺作，四十二只；

五铺作，二十六只；

四铺作，一十二只。

【译文】殿阁身槽内的里、外跳，全部做重栱计心，出卷头，每一转角铺作一朵使用栱、枓等的数量按照以下规定：

从七铺作到四铺作分别通用：

华栱列泥道栱，有三只（外跳用）

令栱列小栱头分首，有二只（里跳用）；

角内华栱，有一只；

角内两出耍头，有一只（七铺作的，身长为二百八十八分；六铺作的，身长为一百四十七分；五铺作的，身长为七十七分；四铺作的，身长为六十四分）；

栌枓，有一只；

暗栔，有四条（二条长三十一分；另外二条长二十一分）。

从七铺作到五铺作分别通用：

瓜子栱列小栱头分首，有二只（外跳用，身长为二十八分）；

慢栱列切几头分首，有二只（外跳用，身长为二十八分）；

角内第二抄华栱，有一只（身长为七十七分）；

从七铺作到五铺作分别通用：

瓜子栱列小栱头分首，有二只（外跳用，身长为二十八分）；

慢栱列切几头分首，有二只（外跳用，身长为二十八分）；

角内第二杪华栱，有一只（身长为七十七分）。

七铺作、六铺作各自单独使用：

瓜子栱列小栱头分首，有二只（身内雕刻交隐鸳鸯栱，身长为五十三分）；

慢栱列切几头分首，有二只（身长为五十三分）；

令栱列瓜子栱，有二只；

华栱列慢栱，有二只；

骑栿令栱，有二只；

角内第三抄华栱，有一只（身长为一百四十七分）。

七铺作独用：

慢栱列切几头分首，有二只（身内雕刻交隐鸳鸯栱，身长为七十八分）；

瓜子栱列小栱头，有二只；

瓜子丁头栱，有四只；

角内第四杪华栱，有一只（身长为二百一十七分）。

五铺作单独使用：

骑栿令栱分首，有二只（身内雕刻交隐鸳鸯栱，身长为五十三分）。

四铺作单独使用：

令栱列瓜子栱分首，有二只（身长为二十分）；

耍头列慢栱，有二只（身长为三十分）。

从七铺作到五铺作各自使用：

慢栱列切几头：

七铺作，有六只；

六铺作，有四只；

五铺作，有二只。

瓜子栱列小栱头（数量都与以上相同）。

从七铺作到四铺作各自使用：

交互枓：

七铺作，有四只（六铺作与此相同）；

五铺作，有二只（四铺作与此相同）。

平盘枓：

七铺作，有十只；

六铺作，有八只；

五铺作，有六只；

四铺作，有四只。

散枓：

七铺作，有六十只；

六铺作，有四十二只；

五铺作，有二十六只；

四铺作，有十二只。

楼阁平坐转角铺作用栱、枓等数

楼阁平坐，自七铺作至四铺作，并重栱计心，外跳出卷头，里跳挑斡棚栿及穿串上层柱身，每转角铺作一朵用栱、枓等数下项：

自七铺作至四铺作各通用：

第一杪角内足材华栱，一只；身长四十二分。

第一杪入柱华栱，二只；身长三十二分。

第一杪华栱列泥道栱，二只；身长三十二分。

角内足材耍头，一只；七铺作，身长二百一十分；六铺作，身长一百六十八分；五铺作，身长一百二十六分；四铺作，身长八十四分。

耍头列慢栱分首，二只；七铺作，身长一百五十二分；六铺作，身长一百二十二分；五铺作，身长九十二分；四铺作，身长六十二分。

入柱耍头，二只；长同上。

耍头列令栱分首，二只；长同上。

衬方，三条；七铺作内，二条单材，长一百八十分；一条足材，长二百五十二分；六铺作内，二条单材，长一百五十分；一条足材，长二百一十分；五铺作内，二条单材，长一百二十分；一条足材，长一百六十八分；四铺作内，二条单材，长九十分；一条足材，长一百二十六分。

栌枓，三只；

暗栔，四条。二条长六十八分；二条长五十三分。

自七铺作至五铺作各通用：

第二杪角内足材华栱，一只；身长八十四分。

第二杪入柱华栱，二只。身长六十三分。

第三杪华栱列慢栱，二只。身长六十三分。

七铺作、六铺作、五铺作各用：

耍头列方桁，二只；七铺作，身长一百五十二分；六铺作，身长一百二十二分；五铺作，身长九十一分。

华栱列瓜子栱分首：

七铺作，六只；二只身长一百二十二分；二只身长九十二分；二只身长六十二分。

六铺作，四只；二只身长九十二分；二只身长六十二分。

五铺作，二只。身长六十二分。

七铺作、六铺作各用：

交角耍头：

七铺作，四只；二只身长一百五十二分；二只身长一百二十二分。

六铺作，二只。身长一百二十二分。

华栱列慢栱分首：

七铺作，四只；二只身长一百二十二分；二只身长九十二分。

六铺作，二只。身长九十二分。

七铺作、六铺作各独用：

第三杪角内足材华栱，一只；身长二十六分。

第三杪入柱华栱，二只；身长九十二分。

第三杪华栱列柱头方，二只。身长九十二分。

七铺作独用：

第四杪入柱华栱，二只；身长一百二十二分。

第四杪交角华栱，二只；身长九十二分。

第四杪华栱列柱头方，二只；身长一百二十二分。

第四杪角内华栱，一只。身长一百六十八分。

自七铺作至四铺作，各用：

交互枓：

七铺作，二十八只；

六铺作，一十八只；

五铺作，一十只；

四铺作，四只。

齐心枓：

七铺作，五十只；

六铺作，四十一只；

五铺作，一十九只；

四铺作，八只。

平盘枓：

七铺作，五只；

六铺作，四只；

五铺作，三只；

四铺作，二只。

散枓：

七铺作，一十八只；

六铺作，一十四只；

五铺作，一十只；

四铺作，六只。

凡转角铺作，各随所用，每铺作枓栱一朵，如四铺作，五铺作，取所用栱、枓等造作功，于十分中加八分为安勘、绞割、展拽功。若六铺作以上，加造作功一倍。

【译文】楼阁的平坐，从七铺作到四铺作，全部做成重栱计心，外跳出卷头，里跳挑斡棚栿及穿串上层柱身，每个转角铺作一朵使用的栱、枓等的数量按照以下规定：

从七铺作到四铺作分别通用：

第一杪角内足材华栱，有一只（身长为四十二分）；

第一杪入柱华栱，有二只（身长为三十二分）；

第一杪华栱列泥道栱，有二只（身长为三十二分）；

角内足材耍头，有一只（七铺作的，身长为二百一十分；六铺作的，身长为一百六十八分；五铺作的，身长为一百二十六分；四铺作的，身长为八十四分）；

耍头列慢栱分首，有二只（七铺作的，身长为一百五十二分；六铺作的，身长为一百二十二分；五铺作的，身长为九十二分；四铺作的，身长为六十二分）；

入柱耍头，有二只（长度与上面相同）；

耍头列令栱分首，有二只（长度与上面相同）；

衬方，有三条（七铺作内，有单材二条，长度为一百八十分；有足材一条，长度为二百五十二分；六铺作内，有单材二条，长度为一百五十分；有足材一条，长度为二百一十分；五铺作内，有单材二条，长度为一百二十分；有足材一条，长度为一百六十八分；四铺作内，有单材二条，长度为九十分；有足材一条，长度为一百二十六分）；

栌枓，有三只；

暗栔，有四条（二条长六十八分；另外二条长五十三分）。

从七铺作到五铺作分别通用：

第二杪角内足材华栱，有一只（身长为八十四分）；

第二杪入柱华栱，有二只（身长为六十三分）。

第三杪华栱列慢栱，有二只（身长为六十三分）。

七铺作、六铺作、五铺作各自使用：

耍头列方桁，有二只（七铺作的，身长为一百五十二分；六铺作的，身长为一百二十二分；五铺作的，身长为九十一分）；

华栱列瓜子栱分首：

七铺作，有六只（二只身长为一百二十二分；二只身长为九十二分；二只身长为六十二分）。

六铺作，有四只（二只身长为九十二分；另外二只身长为六十二分）；

五铺作，有二只（身长为六十二分）。

七铺作、六铺作各自使用：

交角耍头：

七铺作，有四只（二只身长为一百五十二分；另外二只身长为一百二十二分）；

六铺作，有二只（身长为一百二十二分）。

华栱列慢栱分首：

七铺作，有四只（二只身长为一百二十二分；另外二只身长为九十二分）；

六铺作，有二只（身长为九十二分）；

七铺作、六铺作分别单独使用：

第三杪角内足材华栱，有一只（身长为二十六分）；

第三杪入柱华栱，有二只（身长为九十二分）；

第三杪华栱列柱头枋，有二只（身长为九十二分）。

七铺作单独使用：

第四杪入柱华栱，有二只（身长为一百二十二分）；

第四杪交角华栱，有二只（身长为九十二分）；

第四杪华栱列柱头枋，有二只（身长为一百二十二分）；

第四杪角内华栱，有一只（身长为一百六十八分）。

从七铺作到四铺作，各自使用：

交互枓：

七铺作，有二十八只；

六铺作，有十八只；

五铺作，有十只；

四铺作，有四只。

齐心枓：

七铺作，有五十只；

六铺作，有四十一只；

五铺作，有十九只；

四铺作，有八只。

平盘枓：

七铺作，有五只；

六铺作，有四只；

五铺作，有三只；

四铺作，有二只。

散枓：

七铺作，有十八只；

六铺作，有十四只；

五铺作，有十只；

四铺作，有六只。

但凡是转角铺作，分别根据各自的长度，每个铺作枓栱一朵，假如是四铺作、五铺作，就取所使用的栱、枓等造作功，在十分中加八分作为安勘、绞割、展拽功。假如是六铺作以上，就增加造作功一倍。

卷第十九

大木作功限三

殿堂梁、柱等事件功限

造作功：

月梁，材每增减一等，各递加减八寸。直梁准此。八椽栿[①]，每长六尺七寸；六椽栿以下至四椽栿，各递加八寸；四椽栿至三椽栿，加一尺六寸；三椽栿至两椽栿及丁栿[②]、乳栿，各加二尺四寸。

直梁，八椽栿，每长八尺五寸；六椽栿以下至四椽栿，各递加一尺；四椽栿至三椽栿，加二尺；三椽栿至两椽栿及丁栿、乳栿，各加三尺。

右各一功。

柱，第一条长一丈五尺，径一尺一寸，一功。穿凿功在内。若角柱，每一功加一分功。如径增一寸，加一分二厘功。如一尺三寸以上，每径增一寸，又递加三厘功。若长增一尺五寸，加本功一分功；或径一尺一寸以下者，每减一寸，减一分七厘功，减至一分五厘止。或用方柱，每一功减二分功。若壁内暗柱，圜者每一功减三分功，方者减一分功。如只用柱头额者，减本功一分功。

驼峰，每一坐，两瓣或三瓣卷杀。高二尺五寸，长五尺，厚七寸；

绰幕三瓣头，每一只；

柱礩[3]，每一枚；

右各五分功。材每增减一等，绰幕头各加减五厘功；柱礩各加减一分功。其驼峰若高增五寸，长增一尺，加一分功；或作毡笠样造，减二分功。

大角梁，每一条，一功七分。材每增减一等，各加减三分功。

子角梁，每一条，八分五厘功。材每增减一等，各加减一分五厘功。

续角梁[4]，每一条，六分五厘功。材每增减一等，各加减一分功。

襻间、脊串、顺身串，并同材。

替木一枚，卷杀两头，共七厘功。身内同材；楷子同；若作华楷，加功三分之一。

普拍方，每长一丈四尺；材每增减一等，各加减一尺。

橑檐方，每长一丈八尺五寸；加减同上。

槫，每长二丈；加减同上；如草架[5]，加一倍。

劄牵，每长一丈六尺；加减同上。

大连檐[6]，每长五丈；材每增减一等，各加减五尺。

小连檐，每长一百尺；材每增减一等，各加减一丈。

椽，缠斫事造者，每长一百三十尺；如斫棱事造者，加三十尺；若事造圜椽者，加六十尺；材每增减一等，加减各十分之一。

飞子，每三十五只；材每增减一等，各加减三只。

大额[7]，每长一丈四尺二寸五分；材每增减一等，各加减五寸。

由额，每长一丈六尺；加减同上，照壁方、承椽串同。

托脚[8]，每长四丈五尺；材每增减一等，各加减四尺；叉手同。

平暗版，每广一尺，长十丈；遮椽版、白版同；如要用金漆及法油者，长即减三分。

生头，每广一尺，长五丈；搏风版、敦㮇、矮柱同。

楼阁上平坐内地面版，每广一尺，厚二寸，牙缝造；长同上；若直缝造者，长增一倍。

右各一功。

凡安勘、绞割屋内所用名件柱、额等，加造作名件功四分；如有草架，压槽方、襻间、暗栔、樘柱固济等方木在内。卓立搭架、钉椽、结裹，又加二分。仓廒、库屋功限及常行散屋功限准此。其卓立、搭架等，若楼阁五间，三层以上者，自第二层平坐以上，又加二分功。

【注释】①八椽栿（chuán fú）：托八架椽子的梁就是八椽栿，同理，托六架椽子的梁就是六椽栿，托四架椽子的梁就是四椽栿，以此类推。

②丁栿：宋式名称。类似清式建筑的顺扒梁。因与横梁呈丁字形相交，故名丁栿。

③柱櫍：柱子与柱础之间的隔垫，起到隔潮、取平的功能。

④续角梁：为宋式建筑大木作梁架构件，位于隐角梁之后，至脊之上，由若干“角梁相续”构成，是造成庑殿顶垂脊曲线造型的特殊构件，在清式建筑中则称“由戗”。

⑤草架：草图。古代构筑前设计的图样。

⑥大连檐：是钉在飞檐椽上的横木，是起连接檐口所有檐椽作用的，断面为直角梯形，长按通面阔，高同檐椽径，宽为11-12倍檐椽径，亦称“檐板”。

⑦大额：即大额枋，柱子上端联络与承重的水平构件。其中上面的称为大额枋。

⑧托脚：宋代建筑上各槫均用斜杆支撑固持。其中支撑脊槫的斜杆称为叉手，其余称为托脚。

【译文】造作功：

月梁（材每提高或者下降一等，分别对应增减八寸。直梁也依照此标准），八椽栿，每长六尺七寸（六椽栿以下一直到四椽栿，分别对应增加八寸；从四椽栿到三椽栿，增加一尺六寸；从三椽栿到两椽栿以及丁栿、乳栿，分别增加二尺四寸）；

直梁，八椽栿，每长八尺五寸（六椽栿以下一直到四椽栿，分别对应增加一尺；从四椽栿到三椽栿，增加二尺；从三椽栿到两椽栿以及丁栿、乳栿，分别增加三尺）；

以上各算作一功。

柱，第一条长一丈五尺，直径为一尺一寸，算作一功（包括穿凿功。要是角柱，每一功增加一分功）。要是直径增加一寸，就增加一分二厘功（要是柱的直径多于一尺三寸，直径每增加一寸，另相应增加三厘功）。要是长增加一尺五寸，则增加本功一分功（要是柱的直径少于一尺一寸，直径每减少一寸，则减一分七厘功，一直减到一分五厘功为止）。或者使用方柱，每一功就减二分功。假如是壁内暗柱，制造圆柱每一功就减三分功，制造方柱每一功就减一分功（要是只使用柱头额，就减本功一分功）。

每一座驼峰（两瓣或三瓣卷杀），高二尺五寸，长五尺，厚七寸；

一只绰幕三瓣头；

一枚柱礩；

以上各为五分功（材每提高或下降一等，绰幕头分别增加或者减去五厘功；柱礩分别增加或者减去一分功。其驼峰假如增高五寸，增长一尺，就增加一分功；假如做成毡笠的样式，就减去二分功）。

大角梁，每一条，为一功七分（材每提高或下降一等，分别增加或者减去三分功）。

子角梁，每一条，为八分五厘功（材每提高或下降一等，分别增加或者减去一分五厘功）。

续角梁，每一条，为六分五厘功（材每提高或下降一等，分别增加或者减去一分功）。

襻间、脊串、顺身串，全部和材一样。

一枚替木，两头卷杀，共七厘功（身内和材一样；楷子也一样；假如制华楷，加三分之一的功）。

普拍枋，每长一丈四尺；（材每提高或下降一等，分别增加或减少一尺）；

橑檐枋，每长一丈八尺五寸（增加或减少与以上相同）；

榑，每长二丈（增加或减少与以上相同；如果是草架，就增加一倍）；

劄牵，每长一丈六尺（增加或减少与以上相同）；

大连檐，每长五丈（材每提高或下降一等，分别增加或者减去五尺）；

小连檐，每长一百尺（材每提高或下降一等，分别增加或者减去一丈）；

椽，四面斫平，每长一百三十尺（要是斫出棱边，就增加三十尺；要是制圜椽，就增加六十尺；材每提高或下降一等，分别增加或者减去十分之一长）；

飞子，每三十五只（材每提高或下降一等，分别增加或者减去三只）；

大额，每长一丈四尺二寸五分（材每提高或下降一等，分别增加或者减去五寸）；

由额，每长一丈六尺（增加或是减去与以上相同，照壁方、承椽串也一样）；

托脚，每长四丈五尺（材每提高或下降一等，分别增加或减去四尺；叉手与之相同）；

平暗版，每宽一尺，长十丈（遮椽版、白版与之相同；要是使用金漆和法油，长则减去三分）；

生头，每宽一尺，长五丈（搏风版、敦桥、矮柱与之相同）；

楼阁上平坐内地面版，每宽一尺，厚二寸，制成牙缝（长度与以上相同；要是制直缝，长则增加一倍）；

以上各算作一功。

但凡是安勘、绞割屋内所使用的构件柱、额等，另加上制造这些构件的功四分（如果有草架，就包括压槽枋、襻间、暗栔、樘柱固济等方木）；立设搭架、钉椽、结裹，另增加二分功（仓廒、库屋和常行散屋的功限也依照此项标准。对于立设、搭架等，要是楼阁五间，并在三层以上，那么从第二层平座往上，另增加二分功）。

城门道功限楼台铺作准殿阁法

造作功：

排叉柱[①]，长二丈四尺，广一尺四寸，厚九寸，每一条，一功九分二厘。每长增减一尺，各加减八厘功。

洪门栿，长二丈五尺，广一尺五寸，厚一尺，每一条，一功九分二厘五毫。每长增减一尺，各加减七厘七毫功。

狼牙栿，长一丈二尺，广一尺，厚七寸，每一条，八分四厘功。每长增减一尺，各加减七厘功。

托脚，长七尺，广一尺，厚七寸，每一条，四分九厘功。每长增减一尺，各加减七厘功。

蜀柱，长四尺，广一尺，厚七寸，每一条，二分八厘功。每长增减一尺，各加减七厘功。

夜叉木，长二丈四尺，广一尺五寸，厚一尺，每一条，三功八分四厘。每长增减一尺，各加减一分六厘功。

永定柱，事造头口，每一条，五分功。

檐门方，长二丈八尺，广二尺，厚一尺二寸，每一条，二功八分。每长增减一尺，各加减一厘功。

盝顶[②]版，每七十尺，一功。

散子木，每四百尺，一功。

跳方，柱脚方、雁翅版同。功同平坐。

凡城门道，取所用名件等造作功，五分中加一分，为展拽、安勘、穿拢功。

【注释】①排叉柱：古代建筑城门洞内两侧壁密集排列的立柱。

②盝顶：古代传统建筑的一种屋顶样式，顶部有四个正脊围成为平顶，下接庑殿顶。

【译文】造作功：

一条排叉柱，长二丈四尺，宽一尺四寸，厚九寸，为一功九分二厘（长每增加或是减少一尺，就分别增加或减少八厘功）。

一条洪门栿，长二丈五尺，宽一尺五寸，厚一尺，为一功九分二厘五毫（长每增加或是减少一尺，就分别增加或减少七厘七毫功）。

一条狼牙栿，长一丈二尺，宽一尺，厚七寸，为八分四厘功（长每增加或是减少一尺，就分别增加或是减少七厘功）。

一条托脚，长七尺，宽一尺，厚七寸，为四分九厘功（长每增加或是减少一尺，就分别增加或是减少七厘功）。

一条蜀柱，长四尺，宽一尺，厚七寸，为二分八厘功（长每增加或是减少一尺，就分别增加或是减少七厘功）。

一条夜叉木，长二丈四尺，宽一尺五寸，厚一尺，为三功八分四厘（长每增加或是减少一尺，就分别增加或是减少一分六厘功）。

一条永定柱，带头口，为五分功。

一条檐门方，长二丈八尺，宽二尺，厚一尺二寸，为二功八分（长每增加或是减少一尺，就分别增加或是减少一厘功）。

盝顶版，每七十尺，算作一功。

散子木，每四百尺，算作一功。

跳方（柱脚枋、雁翅版与之相同），造作功和平坐一样。

但凡是城门道，取所使用构件等的造作功，占五分之一的是展拽、安勘、穿拢功。

仓敖、库屋功限

其名件以七寸五分材为祖计之，更不加减。常行散屋同

造作功：

冲脊柱，谓十架椽屋用者。每一条，三功五分。每增减两椽，各加减五分之一。

四椽栿，每一条，二功。壶门柱同。

八椽栿项柱，一条，长一丈五尺，径一尺二寸，一功三分。如转角柱，每一功加一分功。

三椽栿，每一条，一功二分五厘。

角栿，每一条，一功二分。

大角梁，每一条，一功一分。

乳栿，每一条；

椽，共长三百六十尺；

大连檐，共长五十尺；

小连檐，共长二百尺；

飞子，每四十枚；

白版，每广一尺，长一百尺；

横抹，共长三百尺；

搏风版，共长六十尺；

右各一功。

下檐柱，每一条，八分功。

两丁栿，每一条，七分功。

子角梁，每一条，五分功。

槏柱，每一条，四分功。

续角梁，每一条，三分功。

壁版柱，每一条，二分五厘功。

劄牵，每一条，二分功。

槫，每一条；

矮柱，每一枚；

壁版，每一片；

右各一分五厘功。

枓，每一只，一分二厘功。

脊串，每一条；

蜀柱，每一枚；

生头，每一条；

脚版，每一片；

右各一分功。

护替木楷子，每一只，九厘功。

额，每一片，八厘功。

仰合楷子，每一只，六厘功。

替木，每一枚；

叉手，每一片。托脚同。

右各五厘功。

【译文】造作功：

冲脊柱（由十架椽的屋子使用），每一条，为三功五分（每增减两椽，就分别增减五分之一）。

四椽栿，每一条，为二功（壶门柱与之相同）。

一条八椽栿项柱，长一丈五尺，直径为一尺二寸，为一功三分（要是转角柱，那么每一功就增加一分功）。

三椽栿，每一条，为一功二分五厘。

角栿，每一条，为一功二分。

大角梁，每一条，为一功一分。

一条乳栿；

椽，共长三百六十尺；

大连椽，共长五十尺；

小连檐，共长二百尺；

四十枚飞子；

白版，宽一尺，长一百尺；

横抹，共长三百尺；

搏风版，共长六十尺；

以上分别算作一功。

下檐柱，每一条，为八分功。

两丁栿，每一条，为七分功。

子角梁，每一条，为五分功。

槏柱，每一条，为四分功。

续角梁，每一条，为三分功。

壁版柱，每一条，为二分五厘功。

劄牵，每一条，为二分功。

一条槫；

一枚矮柱；

一片壁版；

以上分别算作一分五厘功。

枓，每一只，为一分二厘功。

一条脊串；

一枚蜀柱；

一条生头；

一片脚版；

以上分别算作一分功。

护替木楷子，每一只，为九厘功。

额，每一片，为八厘功。

仰合楷子，每一只，为六厘功。

一枚替木；

一片叉手（托脚与之相同）；

以上分别算作五厘功。

常行散屋功限官府廊屋之类同

造作功：

四椽栿，每一条，二功。

三椽栿，每一条，一功二分。

乳栿，每一条；

椽，共长三百六十尺；

连檐，每长二百尺；

搏风版，每长八十尺；

右各一功。

两椽栿，每一条，七分功。

驼峰，每一坐，四分功。

槫，每条，二分功。梢槫，加二厘功。

劄牵，每一条，一分五厘功。

枓，每一只；

生头木，每一条；

脊串，每一条；

蜀柱，每一条；

右各一分功。

额，每一条，九厘功。侧项额同。

替木，每一枚，八厘功。梢槫下用者，加一厘功。

叉手，每一片；托脚同。

楷子，每一只；

右各五厘功。

右若枓口跳以上，其名件各依本法。

【译文】造作功：

四椽栿，每一条，为二功。

三椽栿，每一条，为一功二分。

一条乳栿；

椽，共长三百六十尺；

连椽，长二百尺；

搏风版，长八十尺；

以上分别算作一功。

两椽栿，每一条，为七分功。

驼峰，每一座，为四分功。

槫，每一条，为二分功（梢槫，另加二厘功）。

劄牵，每一条，为一分五厘功。

一只枓；

一条生头木；

一条脊串；

一条蜀柱；

以上分别算作一分功。

额，每一条，为九厘功（侧项额与之相同）。

替木，每一枚，为八厘功（用于梢槫下的，另加一厘功）。

一片叉手（托脚与之相同）；

一只楷子；

以上分别算作五厘功。

以上要是在枓口跳以上，其构件分别按照本来的规定。

跳舍行墙功限

造作功：穿凿、安勘等功在内。

柱，每一条，一分功。槫同。

椽，共长四百尺；杚巴子所用同。

连檐，共长三百五十尺；杚巴子同上。

右各一功。

跳子，每一枚，一分五厘功。角内者，加二厘功。

替木，每一枚，四厘功。

【译文】造作功（包括穿凿、安勘等功）：

柱，每一条，算作一分功（槫与之相同）。

椽，共长四百尺（杚巴子所用的椽与之相同）；

连檐，共长三百五十尺（杚巴子所用的连檐与之相同）；

以上分别算作一功。

跳子，每一枚，为一分五厘功（角内的跳子，另加二厘功）；

替木，每一枚，为四厘功。

望火楼功限

望火楼[①]一坐，四柱，各高三十尺；基高十尺。上方五尺，下方一丈一尺。

造作功：

柱，四条，共一十六功。

榥，三十六条，共二功八分八厘。

梯脚，二条，共六分功。

平栿，二条，共二分功。

蜀柱，二枚；

搏风版，二片；

右各共六厘功。

榑，三条，共三分功。

角柱，四条；

厦瓦版，二十片；

右各共八分功。

护缝，二十二条，共二分二厘功。

压脊，一条，一分二厘功。

坐版，六片，共三分六厘功。

右穿凿、安卓，共四功四分八厘。

【注释】①望火楼：犹今消防瞭望塔。

【译文】一座望火楼，有四条柱，分别高三十尺（基座高十尺）；上方有五尺，下方有一丈一尺。

造作功：

柱，四条，共十六功。

榥，三十六条，共二功八分八厘。

梯脚，二条，共六分功。

平栿，二条，共二分功。

蜀柱，二枚；

搏风版，二片；

以上分别算作六厘功。

榑，三条，共三分功。

角柱，四条；

厦瓦版，二十片；

以上分别算作八分功。

护缝，二十二条，共二分二厘功。

压脊，一条，为一分二厘功。

坐版，六片，共三分六厘功。

以上以上穿凿、安装，共四功四分八厘。

营屋功限

其名件以五寸材为祖计之

造作功：

栿项柱，每一条；

两椽栿，每一条；

右各二分功。

四椽下檐柱，每一条，一分五厘功。三椽者，一分功；两椽者，七厘五毫功。

枓，每一只；

槫，每一条；

右各一分功。梢槫加二厘功。

搏风版，每共广一尺，长一丈，九厘功。

蜀柱，每一条；

额，每一片；

右各八厘功。

牵，每一条，七厘功。

脊串，每一条，五厘功。

连檐，每长一丈五尺；

替木，每一只；

右各四厘功。

叉手，每一片，二厘五毫功。虿翅，三分中减二分功。

椽，每一条，一厘功。

右钉椽、结裹，每一椽四分功。

【译文】造作功：

一条栿项柱；

一条两椽栿；

以上分别算作二分功。

四椽下檐柱，每一条，为一分五厘功（三椽下檐柱，每一条，为一分功；两椽下檐柱，每一条，为七厘五毫功）。

一只枓；

一条榑；

以上分别算作一分功（梢榑另加二厘功）。

搏风版，宽一尺，长一丈，为九厘功。

一条蜀柱；

一片额；

以上分别算作八厘功。

牵，每一条，为七厘功。

脊串，每一条，为五厘功。

连檐，长一丈五尺；

一只替木；

以上分别算作四厘功。

叉手，每一片，为二厘五毫功（虿翅，要减去三分之二的功）。

椽，每一条，为一厘功。

以上钉椽、结裹，每一椽算作四分功。

拆修、挑、拔舍屋功限飞檐同

拆修铺作舍屋，每一椽：

槫檩衮转、脱落，全拆重修，一功二分。枓口跳之类，八分功；单枓只替以下，六分功。

揭箔翻修，挑拔柱木，修整檐宇，八分功。枓口跳之类，六分功；单栱只替以下，五分功。

连瓦挑拔，推荐柱木，七分功。枓口跳之类以下，五分功；如相连五间以上，各减功五分之一。

重别结裹飞檐，每一丈，四分功。如相连五丈以上，减功五分之一；其转角处加功三分之一。

【译文】拆修铺作房舍，每一椽：

把有松动的、落下的槫、檩全部拆掉，重新修缮，为一功二分（枓口跳头之类的，为八分功；单抖只替以下的，为六分功）。

打开箔片重新修正，挑拔柱木，修缮檐宇，为八分功（枓口跳头之类的，为六分功；单枓只替以下的，为五分功）。

挑拔瓦片，推荐柱木，为七分功（枓口跳头之类以下的，为五分功；假如有相连五间以上的，分别减去五分之一的功）。

对飞檐重新结裹，每一丈，为四分功（假如有相连五丈以上的，就减去五分之一的功；要是在转角的地方就另加三分之一的功）。

荐拔、抽换柱、栿等功限

荐拔抽换殿宇、楼阁等柱、栿之类，每一条，

殿宇、楼阁：

平柱：

有副阶者，以长二丈五尺为率。一十功。每增减一尺，各加减八分功。其厅堂、三门、亭台栿项柱，减功三分之一。

无副阶者，以长一丈七尺为率。六功。每增减一尺，各加减五分功。其厅堂、三门、亭台下檐柱，减功三分之一。

副阶平柱：以长一丈五尺为率。四功。每增减一尺，各加减三分功。

角柱：比平柱每一功加五分功。厅堂、三门、亭台同。下准此。

明栿：

六架椽，八功；草栿，六功五分。

四架椽，六功；草栿，五功。

三架椽，五功；草栿，四功。

两丁栿，乳栿同。四功。草栿，三功；草乳栿同。

牵，六分功。劄牵减功五分之一。

椽，每一十条，一功。如上、中架，加数二分之一。

枓口跳以下，六架椽以上舍屋：

栿，六架椽，四功。四架椽，二功；三架椽，一功八分；两丁栿，一功五分；乳栿，一功五分。

牵，五分功。劄牵减功五分之一。

栿项柱，一功五分。下檐柱，八分功。

单枓只替以下，四架椽以上舍屋：枓口跳之类四椽以下舍屋同。

栿，四架椽，一功五分。三架椽，一功二分；两丁栿并乳栿，各一功。

牵，四分功。劄牵减功五分之一。

栿项柱，一功。下檐柱，五分功。

椽，每一十五条，一功。中、下架加数二分之一。

【译文】荐拔抽换殿宇、楼阁等的柱、栿之类，每一条，

殿宇、楼阁：

平柱：

有副阶的（标准定为二丈五尺长），为十功（每增减一尺，分别加减八分功。其厅堂、三门、亭台栿项柱，各减去三分之一的功）。

没有副阶的（标准定为一丈七尺长），为六功（每增减一尺，分别加减五分功。其厅堂、三门、亭台下檐柱，各减去三分之一的功）。

副阶平柱（标准定为一丈五尺长）：为四功（每增减一尺，分别加减三分功）。

角柱：相对平柱而言，每一功另加五分功（厅堂、三门、亭台与之相同。以下按照此项标准）。

明栿：

六架椽，为八功（草栿，为六功五分）；

四架椽，为六功（草栿，为五功）；

三架椽，为五功（草栿，为四功）；

两丁栿（乳栿与之相同），为四功（草栿，为三功；草乳栿与之相同）。

牵，为六分功（劄牵则减去五分之一的功）。

椽，每十条，为一功（假如是上、中架，另加二分之一的功）。

枓口跳以下、六架椽以上的房舍：

栿，六架椽，为四功（四架椽，为二功；三架椽，为一功八分；两丁栿，为一功五分；乳栿，为一功五分）。

牵，为五分功（劄牵减去五分之一的功）。

栿项柱，为一功五分（下檐柱，为八分功）。

单枓只替以下、四架椽以上的房舍（枓口跳之类的四椽以下的房舍与之相同）：

栿，四架椽，为一功五分（三架椽，为一功二分；两丁栿和乳栿，分别算作一功）。

牵，为四分功（劄牵减去五分之一的功）。

栿项柱，为一功（下檐柱，为五分功）。

椽，每十五条，算作一功（假如是中、下架，另加二分之一的功）。

卷第二十

小木作功限一

版门独扇版门、双扇版门

独扇版门，一坐门额、限，两颊及伏兔、手栓全。

造作功：

高五尺，一功二分。

高五尺五寸，一功四分。

高六尺，一功五分。

高六尺五寸，一功八分。

高七尺，二功。

安卓功：

高五尺，四分功。

高五尺五寸，四分五厘功。

高六尺，五分功。

高六尺五寸，六分功。

高七尺，七分功。

双扇版门，一间，两扇，额、限、两颊、鸡栖木及两砧全。

造作功：

高五尺至六尺五寸，加独扇版门一倍功。

高七尺，四功五分六厘。

高七尺五寸，五功九分二厘。

高八尺，七功二分。

高九尺，一十功。

高一丈，一十三功六分。

高一丈一尺，一十八功八分。

高一丈二尺，二十四功。

高一丈三尺，三十功八分。

高一丈四尺，三十八功四分。

高一丈五尺，四十七功二分。

高一丈六尺，五十三功六分。

高一丈七尺，六十功八分。

高一丈八尺，六十八功。

高一丈九尺，八十功八分。

高二丈，八十九功六分。

高二丈一尺，一百二十三功。

高二丈二尺，一百四十二功。

高二丈三尺，一百四十八功。

高二丈四尺，一百六十九功六分。

双扇版门所用手栓、伏兔、立标、横关等依下项：计所用名件，添入造作功内。

手栓，一条，长一尺五寸，广二寸，厚一寸五分，并伏兔二枚；

各长一尺二寸，广三寸，厚二寸，共二分功。

上、下伏兔，各一枚，各长三尺，广六寸，厚二寸，共三分功。

又，长二尺五寸，广六寸，厚二寸五分，共二分四厘功。

又，长二尺，广五寸，厚二寸，共二分功。

又，长一尺五寸，广四寸，厚二寸，共一分二厘功。

立标，一条，长一丈五尺，广二寸，厚一寸五分，二分功。

又，长一丈二尺五寸，广二寸五分，厚一寸八分，二分二厘功。

又，长一丈一尺五寸，广二寸二分，厚一寸七分，二分一厘功。

又，长九尺五寸，广二寸，厚一寸五分，一分八厘功。

又，长八尺五寸，广一寸八分，厚一寸四分，一分五厘功。

立标身内手把，一枚，长一尺，广三寸五分，厚一寸五分，八厘功。若长八寸，广三寸，厚一寸三分，则减二厘功。

立标上、下伏兔，各一枚，长一尺二寸，广三寸，厚二寸，共五厘功。

搕锁柱，二条，各长五尺五寸，广七寸，厚二寸五分，共六分功。

门横关，一条，长一丈一尺，径四寸，五分功。

立株、卧株，一副，四件，共二分四厘功。

地栿版，一片，长九尺，广一尺六寸，楅在内。一功五分。

门簪，四枚，各长一尺八寸，方四寸，共一功。每门高增一尺，加二分功。

托关柱，二条，各长二尺，广七寸，厚三寸，共八分功。

安卓功：

高七尺，一功二分；

高七尺五寸，一功四分；

高八尺，一功七分；

高九尺，二功三分；

高一丈，三功；

高一丈一尺，三功八分；

高一丈二尺，四功七分；

高一丈三尺，五功七分；

高一丈四尺，六功八分；

高一丈五尺，八功；

高一丈六尺，九功三分；

高一丈七尺，一十功七分；

高一丈八尺，一十二功二分；

高一丈九尺，一十三功八分；

高二丈，一十五功五分；

高二丈一尺，一十七功三分；

高二丈二尺，一十九功二分；

高二丈三尺，二十一功二分；

高二丈四尺，二十三功三分。

【译文】一座独扇版门，门额、门限，两颊和伏兔、手栓应有尽有。

造作功：

高五尺，为一功二分。

高五尺五寸，为一功四分。

高六尺，为一功五分。

高六尺五寸，为一功八分。

高七尺，为二功。

安装功：

高五尺，为四分功。

高五尺五寸，为四分五厘功。

高六尺，为五分功。

高六尺五寸，为六分功。

高七尺，为七分功。

双扇版门，一间，有两扇，门额、门限、两颊、鸡栖木和两门砧应有尽有。

造作功：

高五尺到六尺五寸，相比独扇版门而言，多一倍的功。

高七尺，为四功五分六厘。

高七尺五寸，为五功九分二厘。

高八尺，为七功二分。

高九尺，为十功。

高一丈，为十三功六分。

高一丈一尺，为十八功八分。

高一丈二尺，为二十四功。

高一丈三尺，为三十功八分。

高一丈四尺，为三十八功四分。

高一丈五尺，为四十七功二分。

高一丈六尺，为五十三功六分。

高一丈七尺，为六十功八分。

高一丈八尺，为六十八功。

高一丈九尺，为八十功八分。

高二丈，为八十九功六分。

高二丈一尺，为一百二十三功。

高二丈二尺，为一百四十二功。

高二丈三尺，为一百四十八功。

高二丈四尺，为一百六十九功六分。

双扇版门所使用的手栓、伏兔、立㯶、横关等的造作功按照以下规定（计算所用构件，算入相应的造作功内）：

一条手栓，长一尺五寸，宽二寸，厚一寸五分，与二枚伏兔，

分别长一尺二寸，宽三寸，厚二寸，共二分功。

上、下伏兔，各有一枚，分别长三尺，宽六寸，厚二寸，共三分功。

还有长二尺五寸，宽六寸，厚二寸五分，共二分四厘功。

还有长二尺，宽五寸，厚二寸，共二分功。

还有长一尺五寸，宽四寸，厚二寸，共一分二厘功。

一条立㯶，长一丈五尺，宽二寸，厚一寸五分，为二分功。

还有长一丈二尺五寸，宽二寸五分，厚一寸八分，为二分二厘功。

还有长一丈一尺五寸，宽二寸二分，厚一寸七分，为二分一厘功。

还有长九尺五寸，宽二寸，厚一寸五分，为一分八厘功。

还有长八尺五寸，宽一寸八分，厚一寸四分，为一分五厘功。

一枚立㯶身内手把，长一尺，宽三寸五分，厚一寸五分，为八厘功（要是长八寸，宽三寸，厚一寸三分，就减去二厘功）。

立㯶上、下伏兔，各有一枚，分别长一尺二寸，宽三寸，厚二寸，共五厘功。

搕锁柱，有二条，分别长五尺五寸，宽七寸，厚二寸五分，共六分

功。

门横关，一条，长一丈一尺，直径为四寸，为五分功。

立柣、卧柣，一副，四件，共二分四厘功。

地栿版，一片，长九尺，宽一尺六寸（包括楅），为一功五分。

门簪，四枚，分别长一尺八寸，方长为四寸，算作一功（门高每增加一尺，就增加二分功）。

托关柱，二条，分别长二尺，宽七寸，厚三寸，共八分功。

安装功：

高七尺，为一功二分；

高七尺五寸，为一功四分；

高八尺，为一功七分；

高九尺，为二功三分；

高一丈，为三功；

高一丈一尺，为三功八分；

高一丈二尺，为四功七分；

高一丈三尺，为五功七分；

高是一丈四尺，为六功八分；

高一丈五尺，为八功；

高一丈六尺，为九功三分；

高一丈七尺，为十功七分；

高一丈八尺，为十二功二分；

高一丈九尺，为十三功八分；

高二丈，为十五功五分；

高二丈一尺，为十七功三分；

高二丈二尺，为十九功二分；

高二丈三尺，为二十一功二分；

高二丈四尺，为二十三功三分。

乌头门

乌头门①一坐，双扇、双腰串造。

造作功：

方八尺，一十七功六分；若下安鋜脚者，加八分功；每门高增一尺，又加一分功；如单腰串造者，减八分功；下同。

方九尺，二十一功二分四厘；

方一丈，二十五功二分；

方一丈一尺，二十九功四分八厘；

方一丈二尺，三十四功八厘；每扇各加承棂一条，共加一功四分，每门高增一尺，又加一分功；若用双承棂者，准此计功。

方一丈三尺，三十九功；

方一丈四尺，四十四功二分四厘；

方一丈五尺，四十九功八分；

方一丈六尺，五十五功六分八厘；

方一丈七尺，六十一功八分八厘；

方一丈八尺，六十八功四分；

方一丈九尺，七十五功二分四厘；

方二丈，八十二功四分；

方二丈一尺，八十九功八分八厘；

方二丈二尺，九十七功六分。

安卓功：

方八尺，二功八分；

方九尺，三功二分四厘；

方一丈，三功七分；

方一丈一尺，四功一分八厘；

方一丈二尺，四功六分八厘；

方一丈三尺，五功二分；

方一丈四尺，五功七分四厘；

方一丈五尺，六功三分；

方一丈六尺，六功八分八厘；

方一丈七尺，七功四分八厘；

方一丈八尺，八功一分；

方一丈九尺，八功七分四厘；

方二丈，九功四分；

方二丈一尺，一十功八厘；

方二丈二尺，一十功七分八厘。

【注释】①乌头门：也称乌头大门、表盒、阀阅、褐烫、绰楔，俗称棂星门。其形式为：在两立柱之中横一枋，柱端安瓦，柱出头染成黑色，枋上书名。柱间装门扇，设双开门，门扇上部安直棂窗，可透视门内外。其上部有成偶数的棂条，下部有涨水板。柱头多有装饰纹刻。此门用于官邸及祠庙、陵墓之前。

【译文】一座乌头门，做成双扇、双腰串。

造作功：

方长八尺，为十七功六分（假如在门下安设鋜脚，另加八分功；门每增高一尺，又加一分功；假如做成单腰串，就减去八分功；以下与此相同）；

方九尺，为二十一功二分四厘；

方一丈，为二十五功二分；

方一丈一尺，为二十九功四分八厘；

方一丈二尺，为三十四功八厘（每个门扇分别加承棂一条，共加一功四分；门每增高一尺，又加一分功；假如做成双承棂，就按照此标准来计算功）；

方一丈三尺，为三十九功；

方一丈四尺，为四十四功二分四厘；

方一丈五尺，为四十九功八分；

方一丈六尺，为五十五功六分八厘；

方一丈七尺，为六十一功八分八厘；

方一丈八尺，为六十八功四分；

方一丈九尺，为七十五功二分四厘；

方二丈，为八十二功四分；

方二丈一尺，为八十九功八分八厘；

方二丈二尺，为九十七功六分。

安装功：

方长八尺，为二功八分；

方长九尺，为三功二分四厘；

方长一丈，为三功七分；

方长一丈一尺，为四功一分八厘；

方长一丈二尺，为四功六分八厘；

方长一丈三尺，为五功二分；

方长一丈四尺，为五功七分四厘；

方长一丈五尺，为六功三分；

方长一丈六尺，为六功八分八厘；

方长一丈七尺，为七功四分八厘；

方长一丈八尺，为八功一分；

方长一丈九尺，为八功七分四厘；

方长二丈，为九功四分；

方长二丈一尺，为十功八厘；

方长二丈二尺，为十功七分八厘。

软门牙头护缝软门、合版用楅软门

软门一合，上、下、内、外牙头、护缝、拢桯、双腰串造；方六尺至一丈六尺。

造作功：

高六尺，六功一分；如单腰串造，各减一功，用楅软门同。

高七尺，八功三分；

高八尺，一十功八分；

高九尺，一十三功三分；

高一丈，一十七功；

高一丈一尺，二十功五分；

高一丈二尺，二十四功四分；

高一丈三尺，二十八功七分；

高一丈四尺，三十三功三分；

高一丈五尺，三十八功二分；

高一丈六尺，四十三功五分。

安卓功：

高八尺，二功。每高增减一尺，各加减五分功；合版用楅软门同。

软门一合，上、下牙头、护缝，合版用楅造；方八尺至一丈三尺。

造作功：

高八尺，一十一功；

高九尺，一十四功；

高一丈，一十七功五分；

高一丈一尺，二十一功七分；

高一丈二尺，二十五功九分；

高一丈三尺，三十功四分。

【译文】软门一合，做上、下、内、外牙头、护缝、抢程、双腰串；方长六尺到一丈六尺。

造作功：

高六尺，为六功一分（假如做单腰串，就分别减去一功，用楅软门与之相同）；

高七尺，为八功三分；

高八尺，为十功八分；

高九尺，为十三功三分；

高一丈，为十七功；

高一丈一尺，为二十功五分；

高一丈二尺，为二十四功四分；

高一丈三尺，为二十八功七分；

高一丈四尺，为三十三功三分；

高一丈五尺，为三十八功二分；

高一丈六尺，为四十三功五分。

安装功：

高八尺，为二功（每增高或减高一尺，就分别加减五分功；合版用楅软门与之相同）。

软门一合，做上、下牙头、护缝，合版用楅；方长八尺到一丈三尺。

造作功：

高八尺，为十一功；

高九尺，为十四功；

高一丈，为十七功五分；

高一丈一尺，为二十一功七分；

高一丈二尺，为二十五功九分；

高一丈三尺，为三十功四分。

破子棂窗

破子棂窗一坐，高五尺，子桯长七尺。

造作，三功三分。额、腰串、立颊在内。

窗上横钤、立旌，共二分功。横钤三条，共一分功；立旌二条，共一分功。若用槫柱，准立旌；下同。

窗下障水版、难子，共二功一分。障水版、难子，一功七分；心柱二条，共一分五厘功；槫柱二条，共一分五厘功；地栿一条，一分功。

窗下或用牙头、牙脚、填心，共六分功。牙头三枚，牙脚六枚，共四分功；填心三枚，共二分功。

安卓，一功。

窗上横钤、立旌，共一分六厘功。横钤三条，共八厘功；立旌二条，共八厘功。

窗下障水版、难子，共五分六厘功。障水版、难子，共三分功；心柱、榑柱，各二条，共二分功；地栿一条，六厘功。

窗下或用牙头、牙脚、填心，共一分五厘功。牙头三枚，牙脚六枚，共一分功；填心三枚，共五厘功。

【译文】一座破子棂窗，高五尺，子桯长七尺。

造作，为三功三分（包括额、腰串、立颊）。

窗上横钤、立旌，共二分功（横钤三条，共一分功；立旌二条，共一分功。假如采用榑柱，与立旌的标准一样；以下与之相同）。

窗下障水版、难子，共二功一分（障水版、难子，为一功七分；心柱二条，共一分五厘功；榑柱二条，共一分五厘功；地栿一条，为一分功）。

窗下也可使用牙头、牙脚、填心，共六分功（牙头三枚，牙脚六枚，共四分功；填心三枚，共二分功）。

安装，一功。

窗上横钤、立旌，共一分六厘功（横钤三条，共八厘功；立旌二条，共八厘功）。

窗下障水版、难子，共五分六厘功（障水版、难子，共三分功；心柱、榑柱，各有二条，共二分功；地栿一条，共六厘功）。

窗下也可使用牙头、牙脚、填心，共一分五厘功（牙头三枚，牙脚六枚，共一分功；填心三枚，共五厘功）。

睒电窗

睒电窗，一坐，长一丈，高三尺。

造作，一功五分。

安卓，三分功。

【译文】一座睒电窗，长一丈，高三尺。

造作，为一功五分。

安装，为三分功。

版棂窗

版棂窗，一坐，高五尺，长一丈。

造作，一功八分。

窗上横钤、立旌，准破子棂窗内功限。

窗下地栿、立旌，共二分功。地栿一条，一分功；立旌二条，共一分功；若用槫柱，准立旌；下同。

安卓，五分功。

窗上横钤、立旌，同上。

窗下地栿、立旌，共一分四厘功。地栿一条，六厘功；立旌二条，共八厘功。

【译文】一座版棂窗，高五尺，长一丈。

造作，为一功八分。

窗上横钤、立旌，以破子棂窗里的功限为标准。

窗下地栿、立旌，共二分功（一条地栿，为一分功；二条立旌，共一分功；要是用槫柱，以立旌为准；以下与之相同）。

安装，为五分功。

窗上横钤、立旌，同上。

窗下地栿、立旌，共一分四厘功（地栿一条，为六厘功；立旌二条，共八厘功）。

截间版帐

截间牙头护缝版帐，高六尺至一丈，每广一丈一尺，若广增减者，以本功分数加减之。

造作功：

高六尺，六功。每高增一尺，则加一功；若添腰串，加一分四厘功；添槏柱，加三分功。

安卓功：

高六尺，二功一分。每高增一尺，则加三分功；若添腰串，加八厘功；添槏柱，加一分五厘功。

【译文】截间牙头护缝版帐，高六尺到一丈，每宽一丈一尺（假如增宽或是减宽，就在本功限数的基础上来加减）。

造作功：

高六尺，为六功（每增高一尺，就加一功；假如添加腰串，就加一分四厘功；假如添加槏柱，就加三分功）。

安装功：

高六尺，为二功一分（每增高一尺，就加三分功；假如添上腰串，就加八厘功；假如添上槏柱，就加一分五厘功）。

照壁屏风骨截间屏风骨、四扇屏风骨

截间屏风，每高广各一丈二尺，

造作，一十二功；如作四扇造者，每一功加二分功。

安卓，二功四分。

【译文】截间屏风，以高、宽各在一丈二尺的基础上计算，

造作，为十二功（假如做成四扇，每一功就增加二分功）；

安装，为二功四分。

隔截横钤、立旌

隔截横钤、立旌，高四尺至八尺，每广一丈一尺。若广增减者，以本功分数加减之。

造作功：

高四尺，五分功。每高增一尺，则加一分功。若不用额，减一分功。

安卓功：

高四尺，三分六厘功。每高增一尺，则加九厘功。若不用额，减六厘功。

【译文】隔截横钤、立旌，高四尺到八尺，在一丈一尺宽的基础上计算（假如增减宽度，就在本功限数的基础上来加减）。

造作功：

高四尺，为五分功（每增高一尺，就增加一分功。要是不使用额，就减去一分功）。

安装功：

高四尺，为三分六厘功（每增高一尺，就加上九厘功。要是不使用额，就减去六厘功）。

露篱

露篱，每高、广各一丈，

造作，四功四分。内版屋二功四分；立旌、横钤等，二功。若高减一尺，即减三分功；版屋减一分，余减二分。若广减一尺，即减四分四厘功；版屋减二分四厘，余减三分。加亦如之。若每出际造垂鱼、惹草、搏风版、垂脊，加五分功。

安卓，一功八分。内版屋八分；立旌、横钤等，一功。若高减一尺，即减一分五厘功；版屋减五厘，余减一分。若广减一尺，即减一分八厘功；版屋减八厘，余减一分。加亦加之。若每出际造垂鱼、惹草、搏风版、垂脊，加二分功。

【译文】露篱，以高、宽各在一丈的基础上计算。

造作，为四功四分（内版屋为二功四分；立旌、横钤等，为二功）。要是减高一尺，就减去三分功（版屋减去一分，剩下的减去二分）；要是减宽一尺，就减去四分四厘功（版屋减去二分四厘，剩下的减去三分）；增加也是与此相同。假如在每个出际上做垂鱼、惹草、搏风版、垂脊，则加五分功。

安装，为一功八分（内版屋为八分；立旌、横钤等，为一功）。要是减高一尺，就减去一分五厘功（版屋减去五厘，剩下的减去一分）；要是减宽一尺，就减去一分八厘功（版屋减去八厘，剩下的减去一分）；增加也是与此相同。假如在每个出际上做垂龟、惹草、搏风版、垂脊，则加二分功。

版引檐

版引檐，广四尺，每长一丈，
造作，三功六分；
安卓，一功四分。

【译文】版引檐，宽四尺，在一丈长的基础上计算，
造作，为三功六分；
安装，为一功四分。

水 槽

水槽，高一尺，广一尺四寸，每长一丈，
造作，一功五分；

安卓，五分功。

【译文】水槽，高一尺，宽一尺四寸，在一丈长的基础上计算，

造作，为一功五分；

安装，为五分功。

井屋子

井屋子，自脊至地，共高八尺，井匮子高一尺二寸在内。方五尺。

造作，一十四功，扰裹在内。

【译文】井屋子，从屋脊一直到地面，共八尺高（井匮子高一尺二寸包含在内），方长为五尺。

造作，为十四功（包括扰裹）。

地 棚

地棚一间，六椽，广一丈一尺，深二丈二尺，

造作，六功；

铺放、安钉，三功。

【译文】一间地棚，六椽，宽一丈一尺，深二丈二尺，

造作，为六功；

铺放、安钉，为三功。

卷第二十一

小木作功限二

格子门

四斜球文格子、四斜球文上出条桱
重格眼、四直方格眼、版壁、两明格子

四斜球文格子门，一间，四扇，双腰串造；高一丈，广一丈二尺。

造作功：额、地栿、槫柱在内。如两明造者，每一功加七分功。其四直方格眼及格子门准此。

四混、中心出双线；

破瓣双混、平地出双线；

右各四十功。若球文上出条桱重格眼造，即加二十功。

四混、中心出单线；

破瓣双混、平地出单线；

右各三十九功。

通混、出双线；

通混、出单线；

通混、压边线；

素通混；

方直破瓣；

右通混、出双线者，三十八功。余各递减一功。

安卓，二功五分。若两明造者，每一功加四分功。

四直方格眼格子门，一间，四扇，各高一丈，广一丈一尺，双腰串造。

造作功：

格眼，四扇：

四混、绞双线，二十一功。

四混、出单线；

丽口、绞瓣、双混、出边线；

右各二十功。

丽口、绞瓣、单混、出边线，一十九功。

一混、绞双线，一十五功。

一混、绞单线，一十四功。

一混、不出线；

丽口、素绞瓣，

右各一十三功。

平地出线，一十功。

四直方绞眼，八功。

格子门桯：事件在内。如造版壁，更不用格眼功限。于腰串上用障水版，加六功。若单腰串造，如方直破瓣，减一功；混作出线，减二功。

四混、出双线；

破瓣、双混、平地、出双线；

右各一十九功。

四混、出单线；

破瓣、双混、平地、出单线；

右各一十八功。

一混出双线；

一混出单线；

通混压边线；

素通混；

方直破瓣撺尖；

右一混出双线，一十七功；余各递减一功。其方直破瓣，若叉瓣造，又减一功。

安卓功：

四直方格眼格子门一间，高一丈，广一丈一尺，事件在内。共二功五分。

【译文】四斜球文格子门，一间可以做四扇，做成双腰串的式样；高度为一丈，宽度为一丈二尺。

造作功（包括额、地栿、槫柱。假如做成两明的样式，每一功就加七分功。其四直方格眼和格子门也遵照此项标准）：

四混、中心出双线；

破瓣双混、平地出双线；

以上各为四十功（假如做球文上出条桱重格眼，则增加二十功）。

四混、中心出单线；

破瓣双混、平地出单线；

以上各为三十九功。

通混、出双线；

通混、出单线；

通混、压边线；

素通混；

方直破瓣；

以上做成通混、出双线，为三十八功（剩下的分别相应减少一功）。

安装，为二功五分（如果做成两明格子门，每一功则加四分功）。

四直方格眼格子门，一间可以做四扇，门扇分别高一丈，宽一丈一尺，制成双腰串的式样。

造作功：

格眼门，制作四扇：

四混、绞双线，为二十一功。

四混、出单线；

丽口、绞瓣、双混、出边线；

以上各为二十功。

丽口、绞瓣、单混、出边线，为十九功。

一混、绞双线，为十五功。

一混、绞单线，为十四功。

一混、不出线；

丽口、素绞瓣；

以上各为十三功。

平地出线，为十功。

四直方绞眼，为八功。

做格子门程(包括所有制作事项。要是做版壁，就不用参照格眼的制作功限。在腰串上用障水版，另加六功。要是做单腰串，例如方直破瓣，就减少一功；混作出线，就减去二功)：

四混、出双线；

破瓣、双混、平地、出双线；

以上各为十九功。

四混、出单线；

破瓣、双混、平地、出单线；

以上各为十八功。

一混出双线；

一混出单线；

通混压边线；

素通混；

方直破瓣撺尖；

以上一混出双线，为十七功；剩下的分别相应减少一功(方直破瓣，要是做成义瓣的样式，又减少一功)。

安装功：

一间四直方格眼格子门，高一丈，宽一丈一尺(包括所有制作事项)**，共二功五分。**

阑槛钩窗

钩窗，一间，高六尺，广一丈二尺；三段造。

造作功：安卓事件在内。

四混、绞双线，一十六功。

四混、绞单线；

丽口、绞瓣、瓣内双混。面上出线；

右各一十五功。

丽口、绞瓣、瓣内单混。面上出线；一十四功。

一混、双线，一十二功五分。

一混、单线，一十一功五分。

丽口、绞素瓣；

一混、绞眼；

右各一十一功。

方绞眼，八功。

安卓，一功三分。

阑槛，一间，高一尺八寸，广一丈二尺。

造作，共一十功五厘。槛面版，一功二分；鹅项，四枚，共二功四分；云栱、四枚，共二功；心柱，二条，共二分功；榑柱，二条，共二分功；地栿，三分功；障水版，三片，共六分功；托柱，四枚，共一功六分；难子，二十四条，共五分功；八混寻杖，一功五厘；其寻杖若六混，减一分五厘功；四混减三分功；一混减四分五厘功。

安卓，二功二分。

【译文】制作钩窗，用于一个开间，高六尺，宽一丈二尺；做成三段。

造作功（包括所有安装事项）。

四混、绞双线，为十六功。

四混、绞单线；

丽口、绞瓣(瓣内做成双混)、面上出线;

以上各为十五功。

丽口、绞瓣(瓣内做成单混)、面上出线;为十四功。

一混、双线,为十二功五分。

一混、单线,为十一功五分。

丽口、绞素瓣;

一混、绞眼;

以上各为十一功。

方绞眼,为八功。

安装,为一功三分。

制作阑槛,用于一个开间,高一尺八寸,宽一丈二尺。

制作,共十功五厘(做槛面版,为一功二分;做四枚鹅项,共二功四分;做四枚云栱,共二功;做二条心柱,共二分功;做二条榑柱,共二分功;做地栿,为三分功;做三片障水版,共六分功;做四枚托柱,共一功六分;做二十四条难子,共五分功;做八混寻杖,为一功五厘;其寻杖如果做成六混,就减去一分五厘功;做成四混就减去三分功;做成一混就减去四分五厘功)。

安装,为二功二分。

殿内截间格子

殿内截间四斜球文格子,一间,单腰串造,高、广各一丈四尺。心柱、榑柱等在内。

造作,五十九功六分;

安卓,七功。

【译文】做大殿内的截间四斜球文格子门，用于一个开间，做成单腰串的样式，高度、宽度分别为一丈四尺（心柱、槫柱等包含在内）。

制作，为五十九功六分；

安装，为七功。

堂阁内截间格子

堂阁内截间四斜球文格子，一间，高一丈，广一丈一尺。槫柱在内。

额子泥道，双扇门造。

造作功：

破瓣撺尖，瓣内双混，面上出心线、压边线，四十六功；

破瓣撺尖，瓣内单混，四十二功；

方直破瓣撺尖，四十功。方直造者减二功。

安卓，二功五分。

【译文】做堂阁内的截间四斜球文格子门，用于一个开间，高一丈，宽一丈一尺（槫柱包含在内）。

额子泥道，做成双扇门。

造作功：

破瓣撺尖，瓣内双混，面上出心线、压边线，为四十六功；

破瓣撺尖，瓣内单混，为四十二功；

方直破瓣撺尖，为四十功（要是直造就减少二功）。

安装，为二功五分。

殿阁照壁版

殿阁照壁版，一间，高五尺至一丈一尺，广一丈四尺。如广增减者，以本功分数加减之。

造作功：

高五尺，七功。每高增一尺，加一功四分。

安卓功：

高五尺，二功。每高增一尺，加四分功。

【译文】制作殿阁照壁版，用于一个开间，高五尺到一丈一尺，宽一丈四尺（要是宽度有增减，就在本功限数的基础上来增加或是减少）。

造作功：

高五尺，为七功（每增高一尺，就加一功四分）。

安装功：

高五尺，为二功（每增高一尺，就加四分功）。

障日版

障日版，一间，高三尺至五尺，广一丈一尺。如广增减者，即以本功分数加减之。

造作功：

高三尺，三功。每高增一尺，则加一功。若用心柱、榑柱、难子、合版造，则每功各加一分功。

安卓功：

高三尺，一功二分。每高增一尺，则加三分功。若用心柱、槫柱、难子、合版造，则每功减二分功。下同。

【译文】做障日版，用于一个开间，高三尺到五尺，宽一丈一尺（要是宽度有增减，就在本功限数的基础上来增加或是减少）。

造作功：

高三尺，为三功（每增高一尺，则加一功。假如包括做心柱、槫柱、难子、合版等构件，则每功需各加一分功）。

安装功：

高三尺，为一功二分（每增高一尺，则加三分功。假如包括做心柱、槫柱、难子、合版等构件，则每功需减去二分功。以下与此相同）。

廊屋照壁版

廊屋照壁版，一间，高一尺五寸至二尺五寸，广一丈一尺。如广增减者，即以本功分数加减之。

造作功：

高一尺五寸，二功一分。每增高五寸，则加七分功。

安卓功：

高一尺五寸，八分功。每增高五寸，则加二分功。

【译文】做廊屋的照壁版，用于一个开间，高一尺五寸到二尺五寸，宽一丈一尺（要是宽度有增减，就在本功限数的基础上来增加或是减少）。

造作功：

高一尺五寸，为二功一分（每增高五寸，则加七分功）。

安装功：

高一尺五寸，为八分功（每增高五寸，则加二分功）。

胡 梯

胡梯，一坐，高一丈，拽脚长一丈，广三尺，作十三踏，用料子蜀柱，单钩阑造。

造作，一十七功；

安卓，一功五分。

【译文】做一座楼梯，高一丈，拽脚长一丈，宽三尺，做成十三踏，用料子、蜀柱，制作成单钩阑的式样。

制作，为十七功；

安装，为一功五分。

垂鱼、惹草

垂鱼，一枚，长五尺，广三尺；

造作，二功一分；

安卓，四分功。

惹草，一枚，长五尺；

造作，一功五分；

安卓，二分五厘功。

【译文】做一枚垂鱼，长五尺，宽三尺，

制作，为二功一分；

安装，为四分功。

做一枚惹草，长五尺，

制作，为一功五分；

安装，为二分五厘功。

拱眼壁版

栱眼壁版，一片，长五尺，广二尺六寸。于第一等材栱内用。

造作，一功九分五厘。若单栱内用，于三分中减一分功。若长加一尺，增三分五厘功；材加一等，增一分三厘功。

安卓，二分功。

【译文】做一片拱眼壁版，长五尺，宽二尺六寸（在第一等材拱内用）。

制作，为一功九分五厘（如果在单栱内用，就在三分功内减少一分功。如果增长一尺，就增加三分五厘功；材加一等，就增加一分三厘功）。

安装，为二分功。

裹栿版

裹栿版，一副，厢壁两段，底版一片，

造作功：

殿槽内裹栿版，长一丈六尺五寸，广二尺五寸，厚一尺四寸，共二十功。

副阶内裹栿版，长一丈二尺，广二尺，厚一尺，共一十四功。

安钉功：

殿槽，二功五厘。副阶减五厘功。

【译文】做一副裹栿版，有两段厢壁，一片底版。

造作功：

殿槽里的裹栿版，长一丈六尺五寸，宽二尺五寸，厚一尺四寸，共二十功。

副阶里的裹栿版，长一丈二尺，宽二尺，厚一尺，共十四功。

安钉功：

殿槽，为二功五厘（副阶则减去五厘功）。

擗帘竿

擗帘竿，一条。并腰串。

造作功：

竿，一条，长一丈五尺，八混造，一功五分。破瓣造，减五分功；方直造，减七分功。

串，一条，长一丈，破瓣造，三分五厘功。方直造，减五厘功。

安卓，三分功。

【译文】 做一条擗帘竿（腰串包含在内）。

造作功：

一条竿，长一丈五尺，制成八混的样式，为一功五分（制成破瓣的样式，则减去五分功；制成方直的样式，则减去七分功）。

一条腰串，长一丈，制成破瓣的样式，为三分五厘功（制成方直的样式，则减去五厘功）。

安装，为三分功。

护殿阁檐竹网木贴

护殿阁檐枓栱雀眼网上、下木贴，每长一百尺。地衣簟贴同。

造作，五分功。地衣簟贴、绕碇之类，随曲剜造者，其功加倍。安钉同。

安钉，五分功。

【译文】 制作护殿阁檐枓拱雀眼网的上、下木贴，以一百尺长为标准（地衣簟贴与此相同）。

制作，为五分功（地衣簟贴、绕碇等，随着弧度来剜造，其功则加倍。安钉功依照此项规定来计算）。

安钉，为五分功。

平 棊

殿内平棊，一段，

造作功：

每平棊于贴内贴络华文，长二尺，广一尺，背版桯，贴在内。共一功；

安搭，一分功。

【译文】制作一段殿内平棊，

造作功：

每平棊在贴内的贴络花纹，长二尺，宽一尺（包括背版桯、贴），共一功；

安搭，为一分功。

斗八藻井

殿内斗八，一坐，

造作功：

下斗四，方井内方八尺，高一尺六寸；下昂、重栱、六铺作枓栱，每一朵共二功二分。或只用卷头造，减二分功。

中腰八角井，高二尺二寸，内径六尺四寸；枓槽、压厦版、随瓣方等事件，共八功。

上层斗八，高一尺五寸，内径四尺二寸；内贴络龙、凤华版并背版、阳马等，共二十二功。其龙凤并雕作计功。如用平綦制度贴络华文，加一十二功。

上昂、重栱、七铺作枓栱，每一朵共三功。如入角，其功加倍；下同。

拢裹功：

上、下昂、六铺作枓栱，每一朵，五分功。如卷头者，减一分功。

安搭，共四功。

【译文】做一座殿内斗八，

造作功：

下层制成斗四，方井内的方长八尺，高一尺六寸；下昂、重栱、六铺作枓栱，每一朵共二功二分（要是只制成卷头的样式，则减少二分功）。

中腰制成八角井，高二尺二寸，内径为六尺四寸；做枓槽、压厦版、随瓣枋等构件，共八功。

上层制成斗八，高一尺五寸，内径为四尺二寸；内贴络龙、凤花版和背版、阳马等，共二十二功（要是雕刻龙凤也计算其用功。假如使用平綦的制度来贴络花纹，则加十二功）。

上昂、重栱、七铺作枓栱，每一朵共三功（要是入角，其功则加倍；以下与此相同）。

拢裹功：

上、下昂、六铺作枓拱，每一朵，为五分功（要是做成卷头的样式，则减去一分功）。

安装，共四功。

小斗八藻井

小斗八，一坐，高二尺二寸，径四尺八寸。

造作，共五十二功；

安搭，一功。

【译文】做一座小斗八藻井，高二尺二寸，直径为四尺八寸。

制作，共五十二功；

安搭，为一功。

拒马叉子

拒马叉子[①]，一间，斜高五尺，间广一丈，下广三尺五寸。

造作，四功。如云头造，加五分功。

安卓，二分功。

【注释】①拒马叉子：又称行马，是放在城门、衙署门前的可移动路障。

【译文】做拒马叉子，用于一个开间，斜高五尺，间宽一丈，下宽三尺五寸。

制作，为四功（假如制成云头的样式，则加五分功）。

安装，为二分功。

叉子

叉子，一间，高五尺，广一丈。

造作功：下并用三瓣霞子。

棂子：

笏头，方直，串，方直。三功。

挑瓣云头、方直，串、破瓣。三功七分。

云头，方直，出心线，串，侧面出心线。四功五分。

云头，方直，出边线，压白[①]，串，侧面出心线，压白。五功五分。

海石榴头，一混，心出单线，两边线，串，破瓣，单混，出线。六功五分。

海石榴头，破瓣，瓣里单混，面上出心线，串，侧面出心线，压白边线。七功。

望柱：

仰覆莲华，胡桃子，破瓣，混面上出线，一功。

海石榴头，一功二分。

地栿：

连梯混，每长一丈，一功二分。

连梯混，侧面出线，每长一丈，一功五功。

衮砧：每一枚，

云头，五分功；

方直，三分功。

托枨：每一条，四厘功。

曲枨：每一条，五厘功。

安卓：三分功。若用地栿、望柱，其功加倍。

【注释】①压白：古建筑设计中，匠师把建筑尺度与九宫的各星宫结合起来，于是尺度便有了一白、二黑、三碧、一九紫。按流传说法，其中的三白星属于吉利星，所以尺度合白便吉，如此决定出来的尺度用于建筑设计上，便称“压白”。

【译文】做叉子，用于一个开间，高五尺，宽一丈。

造作功（以下全部使用三瓣霞子）：

棂子：

笏头形，方直形（腰串，也做成方直形），为三功。

挑瓣云头、方直形（腰串，做成破瓣），为三功七分。

云头形，方直形，出心线（腰串，侧面出心线），为四功五分。

云头形，方直形，出边线，压白（腰串，侧面出心线，压白），为五功五分。

海石榴头，一混，心出单线，两边线（腰串，破瓣，单混，出线），为六功五分。

海石榴头，破瓣，瓣里单混，面上出心线（腰串，侧面上出心线，压白边线），为七功。

望柱：

仰覆莲花，胡桃子，破瓣，混面上出线，为一功。

海石榴头，为一功二分。

地栿：

连梯混，每长一丈，为一功二分。

连梯混，侧面出线，每长一丈，为一功五分。

衮砧：每一枚，

云头样式，为五分功；

方直样式，为三分功。

托枨：每一条，为四厘功。

曲枨：每一条，为五厘功。

安装：为三分功（假如还使用地栿、望柱，其功则加倍）。

钩阑重台钩阑、单钩阑

重台钩阑，长一丈为率，高四尺五寸。

造作功：

角柱，每一枚，一功三分。

望柱，破瓣，仰覆莲、胡桃子造。每一条，一功五分。

矮柱，每一枚，三分功。

华托柱，每一枚，四分功。

蜀柱，瘿项，每一枚，六分六厘功。

华盆霞子，每一枚，一功。

云栱，每一枚，六分功。

上华版，每一片，二分五厘功。下华版，减五厘功，其华文并雕作计功。

地栿，每一丈，二功。

束腰，长同上，一功二分。盆唇并八混，寻杖同。其寻杖若六混造，减一分五厘功；四混，减三分功；一混，减四分五厘功。

拢裹：共三功五分。

安卓：一功五分。

单钩阑，长一丈为率，高三尺五寸。

造作功：

望柱：

海石榴头，一功一分九厘。

仰覆莲、胡桃子，九分四厘五毫功。

万字，每片四字，二功四分。如减一字，即减六分功，加亦如之。如作钩片，每一功减一分功。若用华版，不计。

托枨，每一条，三厘功。

蜀柱，撮项[1]，每一枚，四分五厘功。

蜻蜓头，减一分功，枓子，减二分功。

地栿，每长一丈四尺，七厘功。盆唇加三厘功。

华版，每一片，二分功。其华文并雕作计功。

八混寻杖，每长一丈，一功。六混减二分功；四混，减四分功，一混，减四分七厘功。

云栱，每一枚，五分功。

卧棂子，每一条，五厘功。

拢裹：一功。

安卓：五分功。

【注释】①撮项：即瘿项，一个上下小、中间扁圆的鼓状构件，犹如鼓胀的脖子。

【译文】做重台勾栏，标准定为长一丈，高为四尺五寸。

造作功：

每一枚角柱，为一功三分。

每一条望柱（制成破瓣、仰覆莲、胡桃子的样式），为一功五分。

每一枚矮柱，为三分功。

每一枚华托柱，为四分功。

每一枚蜀柱、瘿项，为六分六厘功。

每一枚华盆霞子，为一功。

每一枚云栱，为六分功。

每一片上华版，为二分五厘功（下华版，另减去五厘功，其花纹和雕刻一起计算在用功定额内）。

每一丈地栿，为二功。

束腰，长度与上面相同，为一功二分（制成盆唇并用八混，寻杖也是相同做法。其寻杖要是制成六混的样式，则减去一分五厘功；制成四混的样式，则减去三分功；制成一混的样式，则减去四分五厘功）。

拢裹：共三功五分。

安装：为一功五分。

做单钩阑，标准定为长一丈，高为三尺五寸。

造作功：

望柱：

制成海石榴头的样式，为一功一分九厘。

制成仰覆莲、胡桃子的样式，为九分四厘五毫功。

万字花纹版，每片上有四个字，为二功四分（要是少了一字，则减去六分功；增字也是像这样计算。假如做钩片，每一功则减去一分功。假如用华版，不用计算加减）。

每一条托枨，为三厘功。

每一枚蜀柱、撮项，为四分五厘功。

（制成蜻蜓头的样式，则减去一分功；制作料子，则减去二分功。）

地栿，每长一丈四尺，为七厘功（制作盆唇则加三厘功）。

每一片华版，为二分功（其花纹和雕刻一起计算在用功定额内）。

八混寻杖，每长一丈，为一功（六混，则减去二分功；四混，则减去四分功，一混，则减去四分七厘功）。

每一枚云拱，为五分功。

每一条卧棂子，为五厘功。

拢裹：为一功。

安装：为五分功。

棵笼子

棵笼子，一只，高五尺，上广二尺，下广三尺。

造作功：

四瓣，鋜脚，单榥、棂子，二功。

四瓣、鋜脚，双榥、腰串、棂子，牙子，四功。

六瓣、双榥、单腰串、棂子、子桯、仰覆莲华胡桃子，六功。

八瓣、双榥、鋜脚、腰串、棂子，垂脚、牙子、柱子、海石榴头，七功。

安卓功：

四瓣，鋜脚、单榥、棂子；

四瓣，鋜脚、双榥、腰串、棂子、牙子；

右各三分功。

六瓣，双榥，单腰串、棂子、子桯、仰覆莲华胡桃子；

八瓣，双棍，鋜脚、腰串、棂子、垂脚、牙子、柱子、海石榴头；

右各五分功。

【译文】做一只高五尺、上宽二尺、下宽三尺的棵笼子。

造作功：

四瓣，鋜脚，单棍、棂子，为二功。

四瓣、鋜脚，双棍、腰串、棂子，牙子，为四功。

六瓣、双棍、单腰串、棂子、子桯、仰覆莲花胡桃子，为六功。

八瓣、双棍、鋜脚、腰串、棂子，垂脚、牙子、柱子、海石榴头，为七功。

安装功：

四瓣，鋜脚、单棍、棂子；

四瓣，鋜脚、双棍、腰串、棂子、牙子；

以上各为三分功。

六瓣，双棍，单腰串、棂子、子桯、仰覆莲花胡桃子；

八瓣，双棍，鋜脚、腰串、棂子、垂脚、牙子、柱子、海石榴头；

以上各为五分功。

井亭子

井亭子，一坐，鋜脚至脊共高一丈一尺，鸱尾在外。方七尺。

造作功：

结宽、柱木、鋜脚等，共四十五功；枓栱，一寸二分材，每一朵，一功四分。

安卓：五功。

【译文】做一座井亭子，鋜脚到脊一共高一丈一尺（不包括鸱尾），方长为七尺。

造作功：

结瓮、柱木、鋜脚等，一共四十五功；枓拱，用材一寸二分，每一朵，为一功四分。

安装：为五功。

牌

殿、堂、楼、阁、门、亭等牌，高二尺至七尺，广一尺六寸至五尺六寸。如官府或仓库等用，其造作功减半；安卓功三分减一分。

造作功：安勘头、带、舌内华版在内。

高二尺，六功。每高增一尺，其功加倍。安挂功同。

安挂功：

高二尺，五分功。

【译文】制作殿、堂、楼、阁、门、亭等的牌匾，高二尺到七尺，宽一尺六寸到五尺六寸（例如为官府或仓库等地使用，造作功则减半；安装功需三分减去一分）。

造作功（包括对牌头、牌带、牌舌内的花版安装核定）：

高二尺的，为六功（每增高一尺，其功则加倍。安挂功与之相同）。

安挂功：

高二尺的，为五分功。

卷第二十二

小木作功限三

佛道帐

佛、道帐，一坐，下自龟脚，上至天宫鸱尾，共高二丈九尺。

坐：高四尺五寸，间广六丈一尺八寸，深一丈五尺。

造作功：

车槽上、下涩，坐面猴面涩，芙蓉瓣造，每长四尺五寸；

子涩，芙蓉瓣造，每长九尺；

卧棍，每四条；

立棍，每十一条；

上、下马头棍，每一十二条；

车槽涩并芙蓉版，每长四尺；

坐腰并芙蓉华版，每长三尺五寸；

明金版芙蓉华瓣，每长二丈；

拽后棍，每一十五条；罗文棍同。

柱脚方，每长一丈二尺；

榻头木，每长一丈三尺；

龟脚，每三十枚；

料槽版并钥匙头，每长一丈二尺；压厦版同。

锢面合版，每长一丈，广一尺；

右各一功。

贴络门窗并背版，每长一丈，共三功。

纱窗上五铺作，重栱、卷头枓栱；每一朵，二功。方桁及普拍方在内。若出角或入角者，其功加倍。腰檐、平坐同。诸帐及经藏准此。

拢裹：一百功。

安卓：八十功。

帐身：高一丈二尺五寸，广五丈九尺一寸，深一丈二尺三寸；分作五间造。

造作功：

帐柱，每一条；

上内外槽隔枓版，并贴络及仰托榥在内。每长五尺；

欢门，每长一丈；

右各一功五分。

裹槽下鋜脚版，并贴络等。每长一丈，共二功二分。

帐带，每三条；

虚柱，每三条；

两侧及后壁版，每长一丈，广一尺；

心柱，每三条；

难子，每长六丈；

随间栿，每二条；

方子，每长三丈；

前后及两侧安平棊搏难子，每长五尺；

右各一功。

平棊依本功。

斗八一坐，径三尺二寸，并八角，共高一尺五寸；五铺作，重栱、卷头，共三十功。

四斜球文截间格子，一间，二十八功。

四斜球文泥道格子门，一扇，八功。

拢裹：七十功。

安卓：四十功。

腰檐：高三尺，间广五丈八尺八寸，深一丈。

造作功：

前后及两侧枓槽版并钥匙头，每长一丈二尺；

压厦版，每长一丈二尺；山版同。

枓槽卧榥，每四条；

上、下顺身榥，每长四丈；

立榥，每一十条；

贴身，每长四丈；

曲椽，每二十条；

飞子，每二十五枚；

屋内槫，每长二丈；槫脊同。

大连檐，每长四丈；瓦陇条同。

厦瓦版并白版，每各长四丈，广一尺；

瓦口子，并签切。每长三丈；

右各一功。

抹角栿，每一条，二分功。

角梁，每一条；

角脊，每四条；

右各一功二分。

六铺作，重栱、一抄、两昂枓栱，每一朵，共二功五分。

拢裹：六十功。

安卓：三十五功。

平坐：高一尺八寸，广五丈八尺八寸，深一丈二尺。

造作功：

枓槽版并钥匙头，每一丈二尺；

压厦版，每长一丈；

卧棍，每四条；

立棍，每一十条；

雁翅版，每长四丈；

面版，每长一丈；

右各一功。

六铺作：重栱、卷头枓栱，每一朵，共二功三分。

拢裹：三十功。

安卓：二十五功。

天官楼阁①：

造作功：

殿身，每一坐，广三瓣。重檐，并挟屋及行廊，各广二瓣，诸事件并在内。共一百三十功。

茶楼子，每一坐；广三瓣，殿身、挟屋、行廊同上。

角楼，每一坐；广一瓣半，挟屋、行廊同上。

右各一百一十功。

龟头，每一坐，广二瓣。四十五功。

拢裹：二百功。

安卓：一百功。

圜桥子，一坐，高四尺五寸，拽脚长五尺五寸。广五尺，下用连梯、龟脚，上施钩阑、望柱。

造作功：

连梯桯，每二条；

龟脚，每一十二条；

促踏版榥，每三条；

右各六分功。

连梯当，每二条，五分六厘功。

连梯榥，每二条，二分功。

望柱，每一条，一分三厘功。

背版，每长、广各一尺；

月版，长广同上；

右各八厘功。

望柱上榥，每一条，一分二厘功。

难子，每五丈，一功。

颊版，每一片，一功二分。

促踏版，每一片，一分五厘功。

随圜势钩阑，共九功。

拢裹：八功。

右佛、道帐，总计造作共四千二百九功九分；拢裹共四百六十八功；安卓共二百八十功。

若作山华帐头造者，唯不用腰檐及天宫楼阁，除造作、安卓共一千八百二十功九分。于平坐上作山华帐头，高四尺，广五丈八尺八寸，深一丈二尺。

造作功：

顶版，每长一丈，广一尺；

混肚方，每长一丈；

楅，每二十条；

右各一功。

仰阳版，每长一丈；贴络在内。

山华版，长同上；

右各一功二分。

合角贴，每一条，五厘功。

右造作，计一百五十三功九分。

拢裹：一十功。

安卓：一十功。

【注释】①天宫楼阁：用小比例尺制作楼阁木模型，置于藻井、经柜（转轮藏、壁藏）及佛龛（佛道帐）之上，以象征神佛之居，多见于宋、辽、金、明的佛殿中。

【译文】做一座佛、道帐，下到龟脚，上到天宫鸱尾，总共二丈九尺高。

帐座：高四尺五寸，间宽六丈一尺八寸，深一丈五尺。

造作功：

车槽的上、下涩，坐面猴面涩，制成芙蓉瓣的样式，每长四尺五寸；

子涩，制成芙蓉瓣的样式，每长九尺；

卧棍，每帐做四条；

立棍，每帐做十一条；

上、下马头棍，每帐做十二条；

车槽涩和芙蓉版，每个长四尺；

坐腰和芙蓉花版，每个长三尺五寸；

明金版和芙蓉花瓣，每个长二丈；

拽后棍，每帐做十五条（罗文棍有同样数量）；

柱脚枋，每个长一丈二尺；

榻头木，每个长一丈三尺；

龟脚，每帐有三十枚；

枓槽版和钥匙头，每个长一丈二尺（压厦版与此相同）；

钿面合版，每个长一丈，宽一尺；

以上各为一功。

贴络门窗和背版，每个长一丈，共三功。

纱窗上用五铺作，重拱、卷头枓拱；每一朵，为二功（包括方桁和普拍枋的制作。假如出角或入角，其功则加倍。腰檐、平坐与此相同。各帐和经藏的制作以此为标准）。

拢裹：为一百功。

安装：为八十功。

帐身：高一丈二尺五寸，宽五丈九尺一寸，深一丈二尺三寸；分成五间来制造。

造作功：

帐柱，每帐做一条；

上内外槽隔枓版（贴络和仰托榥包含在内），每个长五尺；

欢门，每个长一丈；

以上各为一功五分。

裹槽下鋜脚版（贴络等包含在内），每个长一丈，共二功二分。

帐带，每帐做三条；

虚柱，每帐做三条；

两侧和后壁版，每个长一丈，宽一尺；

心柱，每帐做三条；

难子，每个长六丈；

随间栿，每帐做二条；

方子，每个长三丈；

前后和两侧安平棊搏难子，每个长五尺；

以上各为一功。

平棊也依此计算用功。

做一座斗八，直径为三尺二寸，并做成八角形，高共一尺五寸；五铺作，重拱、卷头，共三十功。

四斜球文截间格子，用于一个开间，为二十八功。

一扇四斜球文泥道格子门，为八功。

拢裹：为七十功。

安装：为四十功。

腰檐：高三尺，间宽五丈八尺八寸，深一丈。

造作功：

前后和两侧枓槽版连钥匙头，每个长一丈二尺；

压厦版，每个长一丈二尺（山版与此相同）；

枓槽卧棍，每帐做四条；

上、下顺身棍，每个长四丈；

立棍，每帐做一十条；

贴生，每个长四丈；

曲椽，每帐做二十条；

飞子，每帐有二十五枚；

屋内槫，每个长二丈（槫脊与此相同）；

大连檐，每个长四丈（瓦陇条与此相同）；

厦瓦版连白版，每个长四丈，宽一尺；

瓦口子（签切包含在内），每个长三丈；

以上各为一功。

抹角栿，每一条，为二分功。

角梁，每一条；

角脊，每四条；

以上各为一功二分。

六铺作，重拱、一抄、两昂枓拱，每一朵，共为二功五分。

拢裹：为六十功。

安装：为三十五功。

平座：高一尺八寸，宽五丈八尺八寸，深一丈二尺。

造作功：

枓槽版连钥匙头，每个长一丈二尺；

压厦版，每个长一丈；

卧棍，每四条；

立棍，每一十条；

雁翅版，每个长四丈；

面版，每个长一丈；

以上各算作一功。

六铺作：重栱、卷头枓栱，每一朵，共二功三分。

拢裹：为三十功。

安装：为二十五功。

天宫楼阁：

造作功：

殿身，每一座（宽三瓣），重檐，与挟屋和行廊（各宽二瓣，各个制作事件包含在内），共一百三十功。

茶楼子，每一座（宽三瓣，殿身、挟屋、行廊和上面一样宽）；

角楼，每一座（宽一瓣半，挟屋、行廊和上面一样宽）；

以上各为一百一十功。

龟头，每一座（宽二瓣），为四十五功。

拢裹：为二百功。

安装：为一百功。

做一座圜桥子，高四尺五寸（拽脚长五尺五寸），宽五尺，下面用连梯、龟脚，上面放勾栏、望柱。

造作功：

连梯桯，每桥二条；

龟脚，每桥十二条；

促踏版榥，每桥三条；

以上各为六分功。

连梯当，每桥二条，为五分六厘功。

连梯榥，每桥二条，为二分功。

望柱，每桥一条，为一分三厘功。

背版，每个长、宽都是一尺；

月版，长、宽同上；

以上各为八厘功。

望柱上棍，每一条，为一分二厘功。

难子，每五丈，算作一功。

颊版，每一片，为一功二分。

促踏版，每一片，为一分五厘功。

随圜势建勾栏，共九功。

拢裹：为八功。

以上佛、道帐，建造总共需四千二百九功九分；拢裹共需四百六十八功；安装共需二百八十功。

如果做成山花帐头的式样，只是不用腰檐和天宫楼阁（除建造、安装以外，共需一千八百二十功九分），在平座上做山花帐头，高四尺，宽五丈八尺八寸，深一丈二尺。

造作功：

顶版，每个长一丈，宽一尺；

混肚方，每个长一丈；

楅，每二十条；

以上各算作一功。

仰阳版，每个长一丈（贴络包含在内）；

山花版，长与上面相同；

以上各为一功二分。

合角贴，每做一条，为五厘功。

以上制作，共计一百五十三功九分。

拢裹：为十功。

安装：为十功。

牙脚帐

牙脚帐，一坐，共高一丈五尺，广三丈，内、外槽共深八尺；分作三间；帐头及坐各分作三段。帐头料栱在外。

牙脚坐，高二尺五寸，长三丈二尺，坐头在内。深一丈。

造作功：

连梯，每长一丈；

龟脚，每三十枚；

上梯盘，每长一丈二尺；

束腰，每长三丈；

牙脚，每一十枚；

牙头，每二十片；剜切在内。

填心，每一十五枚；

压青牙子，每长二丈；

背版，每广一尺，长二丈；

梯盘棍，每五条；

立棍，每一十二条；

面版，每广一尺，长一丈；

右各一功。

角柱，每一条；

鋜脚上衬版，每一十片；

右各二分功。

重台小钩阑，共高一尺，每长一丈，七功五分。

拢裹：四十功。

安卓：二十功。

帐身，高九尺，长三丈，深八尺，分作三间。

造作功：

内、外槽帐柱，每三条；

里槽下鋜脚，每二条；

右各三功。

内、外槽上隔枓版，并贴络仰托榥在内。每长一丈，共二功二分。内、外槽欢门同。

颊子，每六条，共一功二分。虚柱同。

帐带，每四条；

帐身版难子，每长六丈；泥道版难子同。

平棊搏难子，每长五丈；

平棊贴内贴络华文，每广一尺，长二尺；

右各一功。

两侧及后壁帐身版，每广一尺，长一丈，八分功。

泥道版，每六片，共六分功。

心柱，每三条，共九分功。

拢裹：四十功。

安卓：二十五功。

帐头，高三尺五寸，枓槽长二丈九尺七寸六分，深七尺七寸六分，分作三段造。

造作功：

内、外槽并两侧夹枓槽版，每长一丈四尺；压厦版同。

混肚方，每长一丈；山华版、仰阳版，并同。

卧榥，每四条；

马头榥，每二十条；楅同。

右各一功。

六铺作，重栱、一抄，两下昂枓栱，每一朵，共二功三分。

顶版，每广一尺，长一丈，八分功。

合角贴，每一条，五厘功。

拢裹：二十五功。

安卓：一十五功。

右牙脚帐总计：造作共七百四功三分；拢裹共一百五功；安卓共六十功。

【译文】做一座牙脚帐，共高一丈五尺，宽三丈，内、外槽的深度共八尺；分成三间；帐头及座分别分成三段（不包括帐头枓拱）。

牙脚座，高二尺五寸，长三丈二尺（包括座头），深一丈。

造作功：

连梯，每长一丈；

龟脚，每三十枚；

上梯盘，每长一丈二尺；

束腰，每长三丈；

牙脚，每十枚；

牙头，每二十片（剜切包含在内）；

填心，每十五枚；

压青牙子，每长二丈；

背版，每宽一尺，长二丈；

梯盘榥，每五条；

立榥，每十二条；

面版，每宽一尺，长一丈；

以上各算作一功。

角柱，每一条；

鋜脚上衬版，每十片；

以上各为二分功。

做重台小勾栏，高度共一尺，每长一丈，为七功五分。

拢裹：为四十功。

安装：为二十功。

做帐身，高九尺，长三丈，深八尺，分成三间。

造作功：

内、外槽帐柱，每三条；

里槽下鋜脚，每二条；

以上属各为三功。

内、外槽上隔料版（包括贴络仰托榥），每长一丈，共二功二分（内、外槽欢门与此相同）。

颊子，每六条，共一功二分（虚柱与此相同）。

帐带，每四条；

帐身版难子，每长六丈（泥道版难子与此相同）；

平棊抟难子，每长五丈；

平棊贴内贴络花纹，每宽一尺，长二尺；

以上各算作一功。

两侧及后壁帐身版，每宽一尺，长一丈，为八分功。

每六片泥道版，共需六分功。

每三条心柱，共需九分功。

拢裹：为四十功。

安装：为二十五功。

做帐头，高三尺五寸，枓槽长二丈九尺七寸六分，深七尺七寸六分，分成三段做。

造作功：

内、外槽并两侧夹枓槽版，每长一丈四尺（压厦版与此相同）；

混肚方，每长一丈（山华版、仰阳版与此相同）；

卧棍，每四条；

马头棍，每二十条（楅与此相同）；

以上各为一功。

六铺作，重栱、一抄，两下昂枓拱，每一朵，共需要二功三分。

顶版，每宽一尺，长一丈，为八分功。

合角贴，每一条，为五厘功。

拢裹：为二十五功。

安装：为十五功。

以上牙脚帐总计：制作共需七百四功三分；拢裹共需一百五功；安装共需六十功。

九脊小帐

九脊小账，一坐，共高一丈二尺，广八尺，深四尺。

牙脚坐，高二尺五寸，长九尺六寸，深五尺。

造作功：

连梯，每长一丈；

龟脚，每三十枚；

上梯盘，每长一丈二尺；

右各一功。

连梯棍；

梯盘棍；

右各共一功。

面版，共四功五分。

立棍，共三功七分。

背版；

牙脚；

右各共三功。

填心；

束腰鋜脚；

右各共二功。

牙头；

压青牙子；

右各共一功五分。

束腰鋜脚衬版，共一功二分。

角柱，共八分功。

束腰鋜脚内小柱子，共五分功。

重台小钩阑并望柱等，共一十七功。

拢裹：二十功。

安卓：八功。

帐身，高六尺五寸，广八尺，深四尺。

造作功：

内、外槽帐柱，每一条，八分功。

里槽后壁并两侧下鋜脚版并仰托榥，贴络在内。共三功五厘。

内、外槽两侧并后壁上隔枓版并仰托榥，贴络柱子在内。共六功四分。

两颊；

虚柱；

右各共四分功。

心柱，共三分功。

帐身版，共五功。

帐身难子；

内、外欢门；

内、外帐带；

右各二功。

泥道版，共二分功。

泥道难子，六分功。

拢裹：二十功。

安卓：一十功。

帐头，高三尺，鸱尾在外。广八尺，深四尺。

造作功：

五铺作，重栱、一抄、一下昂枓栱，每一朵，共一功四分。

结窎事件等，共二十八功。

拢裹：一十二功。

安卓：五功。

帐内平棊：

造作，共一十五功。安难子又加一功。

安挂功：

每平棊一片，一分功。

右九脊小账总计：造作共一百六十七功八分；拢裹共五十二功；安卓共二十三功三分。

【译文】做一座九脊小帐，高度共一丈二尺，宽八尺，深四尺。

牙脚座，高二尺五寸，长九尺六寸，深五尺。

造作功：

连梯，每长一丈；

龟脚，每三十枚；

上梯盘，每长一丈二尺；

以上各为一功。

连梯榥；

梯盘榥；

以上分别需要一功。

面版，共四功五分。

立榥，共三功七分。

背版；

牙脚；

以上分别需要三功。

填心；

束腰鋜脚；

以上分别需要二功。

牙头；

压青牙子；

以上分别需要一功五分。

束腰鋜脚衬版，共一功二分。

角柱，共八分功。

束腰鋜脚内小柱子，共五分功。

重台小勾栏连望柱等，共十七功。

拢裹：为二十功。

安装：为八功。

做帐身，高六尺五寸，宽八尺，深四尺。

造作功：

每一条内、外槽帐柱，需八分功。

里槽后壁连两侧下鋜脚版及仰托榥（包括贴络），共三功五厘。

内、外槽两侧连后壁上隔科版及仰托榥（包括贴络柱子），共六功四分。

两颊；

虚柱；

以上分别需要四分功。

心柱，共三分功。

帐身版，共五功。

帐身难子；

内、外欢门；

内、外帐带；

以上分别需要二功。

泥道版，共二分功。

泥道难子，为六分功。

拢裹：为二十功。

安装：为十功。

做帐头，高三尺（不包括鸱尾），宽八尺，深四尺。

造作功：

五铺作，重拱、一杪、一下昂抖拱，每一朵，共一功四分。

结宽构件等，共二十八功。

拢裹：为十二功。

安装：为五功。

帐内平棊：

制作，共十五功（安难子额外增加一功）。

安挂功：

每平棊一片，为一分功。

以上九脊小帐总计：制作共一百六十七功八分；拢裹共五十二功；安装共二十三功三分。

壁帐

壁帐，一间，高一丈一尺，共广一丈五尺。

造作功：拢裹功在内。

枓栱，五铺作，一抄、一下昂，普拍方在内。每一朵，一功四分。

仰阳山华版、帐柱、混肚方、枓槽版、压厦版等，共七功。

球文格子、平棊、叉子，并各依本法。

安卓：三功。

【译文】做一间壁帐，高一丈一尺，宽度共一丈五尺。

造作功（拢裹功包含在内）：

枓栱，五铺作，一抄、一下昂（包括普拍枋），每一朵，为一功四分。

仰阳山华版、帐柱、混肚方、枓槽版、压厦版等，共七功。

球文格子、平棊、叉子，都分别按照此规定。

安装：为三功。

卷第二十三

小木作功限四

转轮经藏

转轮经藏[①]，一坐，八瓣，内、外槽帐身造。

外槽帐身，腰檐、平坐上施天宫楼阁，共高二丈，径一丈六尺。

帐身，外柱至地，高一丈二尺。

造作功：

帐柱，每一条；

欢门，每长一丈；

右各一功五分。

隔枓版并贴柱子及仰托榥，每长一丈，二功五分。

帐带，每三条，一功。

拢裹：二十五功。

安卓：一十五功。

腰檐，高二尺，枓槽径一丈五尺八寸四分。

造作功：

料槽版，长一丈五尺，压厦版及山版同。一功。

内、外六铺作，外跳一抄、两下昂，裹跳卷头枓栱，每一朵，共二功三分。

角梁，每一条，子角梁同。八分功。

贴生，每长四丈；

飞子，每四十枚；

白版，约计每长三丈，广一尺；厦瓦版同。

瓦陇条，每四丈；

槫脊，每长二丈五尺；搏脊槫同。

角脊，每四条；

瓦口子，每长三丈；

小山子版，每三十枚；

井口榥，每三条；

立榥，每一十五条；

马头榥，每八条；

右各一功。

拢裹：三十五功。

安卓：二十功。

平坐，高一尺，径一丈五尺八寸四分。

造作功：

料槽版，每长一丈五尺；压厦版同。

雁翅版，每长三丈；

井口榥，每三条；

马头棍，每八条；

面版，每长一丈，广一尺；

右各一功。

枓栱，六铺作并卷头，材广、厚同腰檐。每一朵，共一功一分。

单钩阑，高七寸，每长一丈，望柱在内。共五功。

拢裹：二十功。

安卓：一十五功。

天宫楼阁，共高五尺，深一尺。

造作功：

角楼子，每一坐，广二瓣。并挟屋、行廊，各广二瓣。共七十二功。

茶楼子，每一坐，广同上。并挟屋，行廊，各广同上。共四十五功。

拢裹：八十功。

安卓：七十功。

里槽，高一丈三尺，径一丈。

坐，高三尺五寸，坐面径一丈一尺四寸四分，枓槽径九尺八寸四分。

造作功：

龟脚，每二十五枚；

车槽上下涩、坐面涩、猴面涩，每各长五尺：

车槽涩并芙蓉华版，每各长五尺；

坐腰上、下子涩、三涩，每各长一丈；壶门神龛并背版同。

坐腰涩并芙蓉华版，每各长四尺；

明金版，每长一丈五尺；

料槽版，每长一丈八尺；压厦版同。

坐下榻头木，每长一丈三尺；下卧棍同。

立棍，每一十条；

柱脚方，每长一丈二尺；方下卧棍同。

拽后棍，每一十二条；猴面钿面棍同。

猴面梯盘棍，每三条；

面版，每长一丈，广一尺；

右各一功。

六铺作，重栱、卷头枓栱，每一朵，共一功一分。

上、下重台钩阑，高一尺，每长一丈，七功五分。

拢裹：三十功。

安卓：二十功。

帐身，高八尺五寸，径一丈。

造作功：

帐柱，每一条，一功一分。

上隔枓版并贴络柱子及仰托棍，每各长一丈，二功五分。

下鋜脚隔枓版并贴络柱子及仰托棍，每各长一丈，二功。

两颊，每一条，三分功。

泥道版，每一片，一分功。

欢门华瓣，每长一丈；

帐带，每三条；

帐身版，约计每长一丈，广一尺；

帐身内、外难子及泥道难子，每各长六丈；

右各一功。

门子，合版造，每一合，四功。

拢裹：二十五功。

安卓：一十五功。

柱上帐头，共高一尺，径九尺八寸四分。

造作功：

枓槽版，每长一丈八尺；压厦版同。

角栿，每八条；

搭平棊方子，每长三丈；

右各一功。

平棊，依本功。

六铺作，重栱、卷头枓栱，每一朵，一功一分。

拢裹：二十功。

安卓：一十五功。

转轮，高八尺，径九尺；用立轴长一丈八尺；径一尺五寸。

造作功：

轴，每一条，九功。

辐，每一条；

外辋，每二片；

里辋，每一片；

裹柱子，每二十条；

外柱子，每四条；

颊木，每二十条；

面版，每五片；

格版，每一十片；

后壁格版，每二十四片；

难子，每长六丈；

托辐牙子，每一十枚；

托枨，每八条；

立绞棍，每五条；

十字套轴版，每一片；

泥道版，每四十片；

右各一功。

拢裹：五十功。

安卓：五十功。

经匣，每一只，长一尺五寸，高六寸，盝顶在内。广六寸五分。

造作、拢裹：共一功。

右转轮经藏总计：造作共一千九百三十五功二分；拢裹共二百八十五功；安卓共二百二十功。

【注释】①转轮经藏：为佛教法器，为萧梁时傅弘首创。其形制是在大寤中心建一柱，作八面形。巨柱如小屋，中有轴可旋转，内置经典，谓之“转轮藏”。

【译文】建造一座八边形的转轮经藏，帐身制成内、外槽两部分。

帐身的外槽，腰檐、平座上放置天宫楼阁，高度共二丈，直径为一丈六尺。

帐身，外柱到地面，高一丈二尺。

造作功：

帐柱，每一条；

欢门，每长一丈；

以上分别需要一功五分。

隔枓版连贴柱子和仰托榥，每长一丈，为二功五分。

帐带，每三条，为一功。

拢裹：为二十五功。

安装：为十五功。

做腰檐，高二尺，枓槽的直径为一丈五尺八寸四分。

造作功：

枓槽版，长一丈五尺（压厦版和山版与之相同），为一功。

内、外六铺作，外跳一抄、两下昂，裹跳卷头枓拱，每一朵，共二功三分。

每一条角梁（子角梁与之相同），为八分功。

贴生，每长四丈；

飞子，每四十枚；

白版，大约每长三丈，宽一尺（厦瓦版与之相同）；

瓦陇条，每四丈；

榑脊，每长二丈五尺（搏脊榑与此相同）；

角脊，每四条；

瓦口子，每长三丈；

小山子版，每三十枚；

井口榥，每三条；

立榥，每十五条；

马头榥，每八条；

以上分别需要一功。

拢裹：为三十五功。

安装：为二十功。

造平座，高一尺，直径为一丈五尺八寸四分。

造作功：

枓槽版，每长一丈五尺（压厦版与之相同）；

雁翅版，每长三丈；

井口榥，每三条；

马头榥，每八条；

面版，每长一丈，宽一尺；

以上分别需要一功。

枓栱，六铺作连卷头（材的宽、厚与腰檐相同），每一朵，共一功一分。

单钩阑，高七寸，每长一丈（望柱包含在内），共五功。

拢裹：为二十功。

安装：为十五功。

造天宫楼阁，共高五尺，深一尺。

造作功：

每一座角楼子（宽二瓣），连同挟屋、行廊（各宽二瓣），共七十二功。

每一座茶楼子（与上面等宽），连同挟屋，行廊（各宽同上），共四十五功。

拢裹：为八十功。

安装：为七十功。

制里槽，高一丈三尺，直径为一丈。

座，高三尺五寸，座面的直径为一丈一尺四寸四分，枓槽的直径为九尺八寸四分。

造作功：

龟脚，每二十五枚；

车槽上下涩、坐面涩、猴面涩，每种分别长五尺：

车槽涩和芙蓉花版，每种分别长五尺；
座腰上、下子涩、三涩，每种分别长一丈（壶门神龛和背版与此相同）；
坐腰涩和芙蓉花版，每种分别长四尺；
明金版，每长一丈五尺；
枓槽版，每长一丈八尺（压厦版与此相同）；
坐下榻头木，每长一丈三尺（下卧榥与此相同）；
立榥，每十条；
柱脚枋，每长一丈二尺（枋下的卧榥与此相同）；
拽后榥，每十二条（猴面钿面榥与此相同）；
猴面梯盘榥，每三条；
面版，每长一丈，宽一尺；
以上各为一功。
六铺作，重栱、卷头枓栱，每一朵，共一功一分。
上、下重台钩阑，高一尺，每长一丈，为七功五分。
拢裹：为三十功。
安装：为二十功。
做帐身，高八尺五寸，直径为一丈。
造作功：
制作帐柱，每一条，为一功一分。
上隔枓版、贴络柱子及仰托榥，每种分别长一丈，为二功五分。
下鋜脚隔枓版、贴络柱子及仰托榥，每种分别长一丈，为二功。
两颊，每一条，为三分功。
泥道版，每一片，为一分功。
欢门华瓣，每长一丈；
帐带，每三条；
帐身版，大约每长一丈，宽一尺；
帐身内、外难子及泥道难子，每种分别长六丈；

以上各为一功。

门子，合版造，每一合，为四功。

拢裹：为二十五功。

安装：为十五功。

制作柱上帐头，高度共一尺，直径为九尺八寸四分。

造作功：

枓槽版，每长一丈八尺（压厦版与此相同）；

角栿，每八条；

搭平棊方子，每长三丈；

以上各为一功。

平棊，依照此功限。

六铺作，重栱、卷头枓栱，每一朵，为一功一分。

拢裹：为二十功。

安装：为十五功。

制作转轮，高八尺，直径为九尺；用立轴的长度为一丈八尺；直径为一尺五寸。

造作功：

轴，每一条，为九功。

辐，每一条；

外辋，每二片；

里辋，每一片；

裹柱子，每二十条；

外柱子，每四条；

颊木，每二十条；

面版，每五片；

格版，每十片；

后壁格版，每二十四片；

难子，每长六丈；

托辐牙子，每十枚；

托枨，每八条；

立绞棍，每五条；

十字套轴版，每一片；

泥道版，每四十片；

以上各为一功。

拢裹：为五十功。

安装：为五十功。

制作经匣，每一只，长一尺五寸，高六寸（包括盝顶），宽六寸五分。

造作、拢裹：共需要一功。

以上转轮经藏总计：制作共需要一千九百三十五功二分；拢裹共需要二百八十五功；安装共需要二百二十功。

壁藏

壁藏，一坐，高一丈九尺，广三丈，两摆手各广六尺，内、外槽共深四尺。

坐，高三尺，深五尺二寸。

造作功：

车槽上、下涩并坐面猴面涩，芙蓉瓣，每各长六尺；

子涩，每长一丈。

卧棍，每一十条；

立棍，每一十二条；拽后棍、罗文棍同。

上、下马头棍，每一十五条；

车槽涩并芙蓉华版，每各长五尺；

坐腰并芙蓉华版，每各长四尺；

明金版，并造瓣。每长二丈；枓槽压厦版同。

柱脚方，每长一丈二尺；

榻头木，每长一丈三尺；

龟脚，每二十五枚；

面版，合缝在内。约计每长一丈，广一尺；

贴络神龛并背版，每各长五尺；

飞子，每五十枚；

五铺作，重栱、卷头枓栱，每一朵；

右各一功。

上、下重台钩阑，高一尺，长一丈，七功五分。

拢裹：五十功。

安卓：三十功。

帐身，高八尺，深四尺；作七格，每格内安经匣四十枚。

造作功：

上隔枓并贴络及仰托榥，每各长一丈，共二功五分。

下鋜脚并贴络及仰托榥，每各长一丈，共二功。

帐柱，每一条；

欢门，剜造华瓣在内。每长一丈；

帐带，剜切在内。每三条；

心柱，每四条；

腰串，每六条；

帐身合版，约计每长一丈，广一尺；

格棍，每长三丈；逐格前、后柱子同。

钿面版棍，每三十条；

格版，每二十片，各广八寸；

普拍方，每长二丈五尺；

随格版难子，每长八丈；

帐身版难子，每长六丈；

右各一功。

平綦，依本功。

折叠门子，每一合，共三功。

逐格钿面版，约计每长一丈、广一尺，八分功。

拢裹：五十五功。

安卓：三十五功。

腰檐，高二尺，枓槽共长二丈九尺八寸四分，深三尺八寸四分。

造作功：

枓槽版，每长一丈五尺；钥匙头及压厦版并同。

山版，每长一丈五尺，合广一尺；

贴生，每长四丈；瓦陇条同。

曲椽，每二十条；

飞子，每四十枚；

白版，约计每长三丈，广一尺；厦瓦版同。

搏脊槫，每长二丈五尺；

小山子版，每三十枚；

瓦口子，签切在内。每长三丈；

卧棍，每一十条；

立棍，每一十二条；

右各一功。

六铺作，重栱、一抄、两下昂枓栱，每一朵，一功二分。

角梁，每一条，子角梁同。八分功。

角脊，每一条，二分功。

拢裹：五十功。

安卓：三十功。

平坐，高一尺，枓槽共长二丈九尺八寸四分，深三尺八寸四分。

造作功：

枓槽版，每长一丈五尺；钥匙头及压厦版并同。

雁翅版，每长三丈；

卧棍，每一十条；

立棍，每一十二条；

锢面版，约计每长一丈、广一尺；

右各一功。

六铺作，重栱、卷头枓栱，每一朵，共一功一分。

单钩阑，高七寸，每长一丈，五功。

拢裹：二十功。

安卓：一十五功。

天宫楼阁：

造作功：

殿身，每一坐，广二瓣。并挟屋、行廊，各广二瓣。各三层，共八十四功。

角楼，每一坐，广同上。并挟屋、行廊等并同上；

茶楼子，并同上；

右各七十二功。

龟头，每一坐，广一瓣。并行廊屋，广二瓣。各三层，共三十功。

拢裹：一百功。

安卓：一百功。

经匣：准转轮藏经匣功。

右壁藏一坐总计：造作共三千二百八十五功三分；拢裹共二百七十五功；安卓共二百一十功。

【译文】做一座壁藏，高一丈九尺，宽三丈，两摆手分别宽六尺，内、外槽的深度共四尺。

座，高三尺，深五尺二寸。

造作功：

车槽上、下涩和坐面猴面涩，芙蓉瓣，每种分别长六尺；

子涩，每长一丈。

卧棍，每十条；

立棍，每十二条（拽后棍、罗文棍与此相同）；

上、下马头棍，每十五条；

车槽涩和芙蓉花版，每种分别长五尺；

坐腰和芙蓉花版，每种分别长四尺；

明金版（做瓣包含在内），每长二丈（枓槽压厦版与此相同）；

柱脚枋，每长一丈二尺；

榻头木，每长一丈三尺；

龟脚，每二十五枚；

面版（合缝包含在内），大约每长一丈，宽一尺；

贴络神龛和背版，每种分别长五尺；

飞子，每五十枚；

五铺作，重栱、卷头枓栱，每一朵；

以上各为一功。

制作上、下重台钩阑，高一尺，长一丈，为七功五分。

拢裹：为五十功。

安装：为三十功。

制作帐身，高八尺，深四尺；做七个格子，每个格子内放置四十枚经匣。

造作功：

上隔枓、贴络及仰托榥，每种分别长一丈，共二功五分。

下鋜脚、贴络及仰托榥，每种分别长一丈，共二功。

帐柱，每一条；

欢门（剜造华瓣包含在内），每长一丈；

帐带（剜切包含在内），每三条；

心柱，每四条；

腰串，每六条；

帐身合版，大约每长一丈，宽一尺；

格榥，每长三丈（逐格前、后柱子与此相同）；

钿面版榥，每三十条；

格版，每二十片，分别宽八寸；

普拍枋，每长二丈五尺；

随格版难子，每长八丈；

帐身版难子，每长六丈；

以上各为一功。

平棊，依照此功限。

折叠门子，每一合，共三功。

逐格钿面版，大约每长一丈、宽一尺，为八分功。

拢裹：为五十五功。

安装：为三十五功。

制作腰檐，高二尺，枓槽一共长二丈九尺八寸四分，深三尺八寸四分。

造作功：

枓槽版，每长一丈五尺（钥匙头及压厦版与此相同）；

山版，每长一丈五尺，合宽一尺；

贴生，每长四丈（瓦陇条与此相同）；

曲椽，每二十条；

飞子，每四十枚；

白版，大约每长三丈，宽一尺（厦瓦版与此相同）；

搏脊槫，每长二丈五尺；

小山子版，每三十枚；

瓦口子（签切包含在内），每长三丈；

卧棍，每十条；

立棍，每十二条；

以上各为一功。

六铺作，重栱、一抄、两下昂枓栱，每一朵，为一功二分。

角梁，每一条（子角梁与之相同），为八分功。

角脊，每一条，为二分功。

拢裹：为五十功。

安装：为三十功。

做平坐，高一尺，枓槽一共长二丈九尺八寸四分，深三尺八寸四分。

造作功：

枓槽版，每长一丈五尺（钥匙头和压厦版与之相同）；

雁翅版，每长三丈；

卧榥，每十条；

立榥，每十二条；

钿面版，大约每长一丈、宽一尺；

以上各为一功。

六铺作，重栱、卷头枓栱，每一朵，共一功一分。

单钩阑，高七寸，每长一丈，为五功。

拢裹：为二十功。

安装：为十五功。

天宫楼阁：

造作功：

每一座殿身（宽二瓣），连同挟屋、行廊（各宽二瓣），各三层，共八十四功。

每一座角楼（宽同上），连同挟屋、行廊等都与上面相同；

茶楼子，与上面相同；

以上各为七十二功。

每一座龟头（宽一瓣），连同行廊屋（宽二瓣），各三层，共三十功。

拢裹：为一百功。

安装：为一百功。

经匣：以转轮藏经匣的用功定额为标准。

以上一座壁藏总计：制作一共需要三千二百八十五功三分；拢裹一共需要二百七十五功；安装一共需要二百一十功。

卷第二十四

诸作功限一

雕木作

每一件，

混作：

照壁内贴络。

宝床，长三尺，每尺高五寸，其床垂牙，豹脚造，上雕香炉、香合、莲华、宝窠、香山、七宝等[①]。共五十七功。每增减一寸，各加减一功九分；仍以宝床长为法。

真人，高二尺，广七寸，厚四分，六功。每高增减一寸，各加减三分功。

仙女，高一尺八寸，广八寸，厚四寸，一十二功。每高增减一寸，各加减六分六厘功。

童子，高一尺五寸，广六寸，厚三寸，三功三分。每高增减一寸，各加减二分二厘功。

角神，高一尺五寸，七功一分四厘。每增减一寸，各加减四分七厘六毫功，宝藏神，每功减三分功。

鹤子，高一尺，广八寸，首尾共长二尺五寸，三功。每高增减一寸，各加减三分功。

云盆或云气，曲长四尺，广一尺五寸、七功五分。每广增减一寸，各加减五分功。

帐上：

缠柱龙，长八尺，径四寸，五段造；并爪甲、脊膊焰，云盆或山子。三十六功。每长增减一尺，各加减三功。若牙鱼并缠写生华，每功减一分功。

虚柱莲华蓬，五层，下层蓬径六寸为率，带莲荷、藕叶、枝梗。六功四分。每增减一层，各加减六分功。如下层莲径增减一寸，各加减三分功。

扛坐神，高七寸，四功。每增减一寸，各加减六分功。力士每功减一分功。

龙尾，高一尺，三功五分。每增减一寸，各加减三分五厘功。鸱尾功减半。

嫔伽，高五寸，连翅并莲华坐，或云子，或山子。一功八分。每增减一寸，各加减四分功。

兽头，高五寸，七分功。每增减一寸，各加减一分四厘功。

套兽，长五寸，功同兽头。

蹲兽，长三寸，四分功。每增减一寸，各加减一分三厘功。

柱头：取径为率。

坐龙，五寸，四功。每增减一寸，各加减八分功。其柱头如带仰覆莲荷台坐，每径一寸，加功一分。下同。

师子，六寸，四功二分。每增减一寸，各加减七分功。

孩儿，五寸，单造，三功。每增减一寸，各加减六分功。双造，每功加五分功。

鸳鸯，鹅、鸭之类同。四寸，一功。每增减一寸，各加减二分五厘功。

莲荷：

莲华，六寸，实雕六层。三功。每增减一寸，各加减五分功。如增减层数，以所计功作六分，每层各加减一分，减至三层止。如蓬、叶造，其功加倍。

荷叶，七寸，五分功。每增减一寸，各加减七厘功。

半混：

雕插及贴络写生华：透突造同；如剔地、加工三分之一。

华盆：

牡丹，芍药同。高一尺五寸，六功。每增减一寸，各加减五分功；加至二尺五寸，减至一尺止。

杂华：高一尺二寸，卷搭造。三功。每增减一寸，各加减二分三厘功，平雕减功三分之一。

华枝，长一尺。广五寸至八寸。

牡丹，芍药同，三功五分。每增减一寸，各加减三分五厘功。

杂华，二功五分。每增减一寸，各加减二分五厘功。

贴络事件：

升龙，行龙同，长一尺二寸，下飞凤同。二功。每增减一寸，各加减一分六厘功。牌上贴络者同。下准此。

飞凤，立凤、孔雀、牙鱼同。一功二分。每增减一寸，各加减一分功。内凤如华尾造，平雕每功加三分功；若卷搭，每功加八分功。

飞仙，嫔伽类。长一尺一寸，二功。每增减一寸，各加减一分七厘功。

师子，狻猊、麒麟、海马同。长八寸，八分功。每增减一寸，各加减一分功。

真人，高五寸，下至童子同。七分功。每增减一寸，各加减一分五厘功。

仙女，八分功。每增减一寸，各加减一分六厘功。

菩萨，一功二分，每增减一寸，各加减一分四厘功。

童子，孩儿同。五分功。每增减一寸，各加减一分功。

鸳鸯，鹦鹉、羊、鹿之类同，长一尺，下云子同。八分功。每增减一寸，各加减八厘功。

云子②，六分功。每增减一寸，各加减六厘功。

香草③，高一尺，三分功。每增减一寸，各加减三厘功。

故实人物，以五件为率。各高八寸，共三功。每增减一件，各加减六分功；即每增减一寸，各加减三分功。

帐上：

带，长二尺五寸，两面结带造。五分功。每增减一寸，各加减二厘功。若雕华者，同华版功。

山华蕉叶版，以长一尺，广八寸为率，宝云头造。三分功。

平棊事件：

盘子，径一尺，划云子间起突盘龙；其牡丹华间起突龙、凤之类，平雕者同；卷搭者加功三分之一。三功。每增减一寸，各加减三分功；减至五寸止。下云圈、海眼版同。

云圈，径一尺四寸，二功五分。每增减一寸，各加减二分功。

海眼④版，水池间海鱼等。径一尺五寸，二功。每增减一寸，各加减一分四厘功。

杂华，方三寸，透突、平雕。二分功。角华减功之半；角蝉又减三分之一。

华版：

透突，间龙、凤之类同。广五寸以下，每广一寸，一功。如两面雕，功加倍。其剔地，减长六分之一；广六寸至九寸者，减长五分之一；广一尺以上者，减长三分之一。华版带同。

卷搭，雕云龙同。如两卷造，每功加一分功。下海石榴华两卷，三卷造准此。长一尺八寸。广六寸至九寸者，即长三尺五寸；广一尺以上者；即长七尺二寸。

海石榴，长一尺，广六寸至九寸者，即长二尺二寸；广一尺以上者，即长四尺五寸。

牡丹，芍药同。长一尺四寸。广六寸至九寸者，即长二尺八寸；广一尺以上者，即长五尺五寸。

平雕，长一尺五寸。广六寸至九寸者，即长六尺；广一尺以上者，即长一十尺。如长生蕙草间羊、鹿、鸳鸯之类，各加长三分之一。

钩阑、槛面：宝云头两面雕造。如凿扑，每功加一分功。其雕华样者，同华版功。如一面雕者，减功之半。

云栱，长一尺，七分功。每增减一寸，各加减七厘功。

鹅项，长二尺五寸，七分五厘功。每增减一寸，各加减三厘功。

地霞，长二尺，一功三分。每增减一寸，各加减六厘五毫功。如用华盆，即同华版功。

矮柱，长一尺六寸，四分八厘功。每增减一寸，各加减三厘功。

划万字版，每方一尺，二分功。如钩片，减功五分之一。

椽头盘子，钩阑寻杖头同。剔地云凤或杂华，以径三寸为准，七分五厘功。每增减一寸，各加减二分五厘功，如云龙造，功加三分之一。

垂鱼，凿扑宝雕云头造；惹草同。每长五尺，四功。每增减一尺，各加减八分功。如间云鹤之类，加功四分之一。

惹草，每长四尺，二功。每增减一尺，各加减五分功。如间云鹤之类，加功三分之一。

搏料莲华，带枝梗。长一尺二寸，一功三分。每增减一寸，各加减一分功。如不带枝梗，减功三分之一。

手把飞鱼，长一尺，一功二分。每增减一寸，各加减一分二厘功。

伏兔荷叶，长八寸，四分功。每增减一寸，各加减五厘功。如莲华造，加功三分之一。

叉子：

云头，两面雕造双云头，每八条，一功。单云头加数二分之一。若雕一面，减功之半。

鋜脚壶门版，实雕结带华，透突华同。每一十一盘，一功。

球文格子挑白，每长四尺，广二尺五寸，以球文径五寸为率计，七分功。如球文径每增减一寸，各加减五厘功。其格子长广不同者，以积尺加减。

【注释】①香合：盛香的盒子。合，即盒子。七宝：佛教语。七种珍宝。说法不一，如《法华经》以金、银、琉璃、砗磲、码碯、珍珠、玫瑰为七宝。

②云子：一种汉族传统工艺品，即围棋棋子。

③香草：有时也称为药草，是会散发出独特香味的植物，通常也

有调味、制作香料或萃取精油等功用，其中很多也具备药用价值。

④海眼：泉眼泉水的流出口。古人认为井泉的水，潜流地中，通江海，故称。

【译文】每一件，

采用立体圆雕的方法：

在照壁内使用贴络。

制作宝床，长三尺（每有一尺长就高五寸，床做成垂牙、豹脚的样式，上面雕刻着香炉、香合、莲花、宝窠、香山、七宝等），一共五十七个功（每增减一寸，就分别加或者减一功九分；仍依照宝床的长度作为标准）。

真人，高二尺，宽七寸，厚四寸，需要六功（高度每增减一寸，则分别加或者减三分功）。

仙女，高一尺八寸，宽八寸，厚四寸，需要十二个功（高度每增减一寸，则分别加减六分六厘功）。

童子，高一尺五寸，宽六寸，厚三寸，需要三又三分功（高度每增减一寸，则分别增减二分二厘功）。

角神，高一尺五寸，需要七又一分四厘功（每增减一寸，则分别增减四分七厘六毫功，如果是宝藏神，每功则减少三分功）。

鹤子，高一尺，宽八寸，首尾共长二尺五寸，需要三个功（高度每增减一寸，则分别增减三分功）。

云盆或云气，曲长四尺，宽一尺五寸，需要七功五分（宽度每增减一寸，则分别增减五分功）。

帐上：

缠柱龙，长八尺，直径为四寸（分成五段制作；包括爪甲、脊膊焰，云盆或山子），需要三十六个功（长度每增减一尺，则各增减三个功。如果样式是牙鱼连缠写生华，每功则减少一分功）。

虚柱莲花蓬，有五层（下层的莲蓬直径以六寸为标准，带有莲荷、藕叶、枝梗），需要六又四分功（每增减一层，则各增减六分功。如果下层的莲蓬直径增减一寸，则各增加或者减少三分功）。

扛坐神，高七寸，需要四个功（每增减一寸，则各增减六分功。制作力士，每个功减少一分功）。

龙尾，高一尺，需要三个功另五分（每增减一寸，则各增减三分五厘功。制作鸱尾，需要的功是龙尾的一半）。

嫔伽，高五寸（连翅连莲花座，或者是云子，或者是山子），**需要一又八分功**（每增减一寸，则各增减四分功）。

兽头，高五寸，需要七分功（每增减一寸，则各增减一分四厘功）。

套兽，长五寸，它需要的功与兽头一样。

蹲兽，长三寸，需要四分功（每增减一寸，则各增减一分三厘功）。

柱头（取直径作为标准）：

坐龙，五寸，需要四个功（每增减一寸，则各增减八分功。如果它的柱头带有仰覆莲荷台座，那么每直径一寸，就加功一分。以下与此相同）。

狮子，六寸，需要四又二分功（每增减一寸，则各增减七分功）。

孩儿，五寸，单造一个，需要三个功（每增减一寸，则各增减六分功。造两个的话，每功增加五分功）。

鸳鸯（鹅、鸭之类的与鸳鸯相同），**四寸，需要一个功**（每增减一寸，各增减二分五厘功）。

莲荷：

莲花，六寸（实雕六层），**需要三个功**（每增减一寸，各增减五分功。如果增减层数，以所计功作六分，每层各增减一分，一直减到三层为止。如果还要制作蓬、叶，它的功加倍）。

荷叶，七寸，需要五分功（每增减一寸，则各增减七厘功）。

半混：

雕插及贴络写生华（做透突的功需与之相同；要是用剔地的方法，则增加三分之一的功）：

花盆：

牡丹（芍药与其相同），**高一尺五寸，需要六个功**（每增减一寸，则各增减五分功；一直增加到二尺五寸，一直减少到一尺为止）。

杂花：高一尺二寸（做成卷搭的样式），**需要三个功**（每增减一寸，则各增减二分三厘的功。如果采用平雕的样式，则减少三分之一的功）。

花枝，长一尺（五寸到八寸宽）。

牡丹（芍药与之相同），**需要三又五分功**（每增减一寸，各增减三分五厘的功）。

杂花，需要二个又五分功（每增减一寸，各增减二分五厘的功）。

贴络构件：

升龙（行龙与之相同），**长一尺二寸**（下文中飞凤与之相同），**需要两个功**（每增减一寸，则各增减一分六厘的功。匾额的贴络与此相同。以下以此为标准）。

飞凤（立凤、孔雀、牙鱼与此相同），**需要一又二分功**（每增减一寸，则各增减一分功。里面的凤如果制造成华尾的样子，采用平雕的方式，每个功增加三分的功；如果用卷搭的方式，每个功增加八分的功）。

飞仙（嫔伽与此相同），**长一尺一寸，需要两个功**（每增减一寸，则各增减一分七厘的功）。

狮子（狻猊、麒麟、海马与其相同），**长八寸，需要八分功**（每增减一寸，则各增减一分的功）。

真人，高五寸（下文从仙女到童子都与此相同），**需要七分的功**（每增减一寸，则各增减一分五厘的功）。

仙女，需要八分功（每增减一寸，则各增减一分六厘功）。

菩萨，需要一个功另二分（每增减一寸，则各增减一分四厘的功）。

童子（孩儿与其相同），**需要五分的功**（每增减一寸，则各增减一分的功）。

鸳鸯（鹦鹉、羊、鹿等与此相同），**长一尺**（下文的云子与其相同），**需要八分的功**（每增减一寸，则各增减八厘的功）。

云子，需要六分的功（每增减一寸，则各增减六厘的功）。

香草，高一尺，需要三分的功（每增减一寸，则各增减三厘的功）。

故事人物（以五件作为标准），**每个高八寸，一共需要三个功**（每增减一件，则各增减六分功；即每增减一寸，则各增减三分功）。

帐上：

穿带，长二尺五寸（做成两面结带的样式），**需要五分功**（每增减一寸，则各增减二厘功。如果做雕花，则与华版所用的功相同）。

山华蕉叶版（标准定为长一尺、宽八寸，做成宝云头的样式），**需要三分功。**

平棊事件：

盘子，直径为一尺（将盘龙浮雕刻在云子之间；将龙、凤之类的浮雕刻在牡丹花之间，做成平雕的与此相同。做卷搭的样式，另增加三分之一的功），**需要三个功**（每增减一寸，则各增减三分功，一直减到五寸为止。下文中的云圈、海眼版与此相同）。

云圈，直径为一尺四寸，需要二又五分功（每增减一寸，则各增减二分功）。

海眼版（水池中有海鱼等图案相间），**直径为一尺五寸，需要二个功**（每增减一寸，则各增减一分四厘的功）。

杂花，方长为三寸（采用透突、平雕的形式），**需要二分功**（制作角花则减少一半的功，制作角蝉则减少三分之一的功）。

华版：

用透突的方法（里面龙、凤等花纹与此相同），**宽五寸以下，每宽一寸，需要一个功**（如果两面雕，则功加倍。如果用剔地的方式，则减少六分之一的长度；宽六寸到九寸的，则减少五分之一的长度；宽一尺以上的，则减少三分之一的长度。华版带与此相同）。

卷搭（雕云龙与此相同。如果做成两卷，则每个功加一分功。下文中的海石榴花做成两卷、三卷的情况，都按照此标准），**长一尺八寸**（宽六寸到九寸的，则长为三尺五寸；宽在一尺以上的，则长为七尺二寸）。

海石榴，长一尺（宽为六寸到九寸的，则长为二尺二寸；宽在一尺以上的，则长为四尺五寸)。

牡丹(芍药与此相同),**长一尺四寸**(宽为六寸至九寸的,则长为二尺八寸;宽为一尺以上的,则长为五尺五寸)。

平雕,长一尺五寸(宽为六寸到九寸的,则长为六尺;宽为一尺以上的,则长为十尺。如果于长生蕙花间雕刻羊、鹿、鸳鸯等,分别加三分之一的长度)。

钩阑、槛面(制成宝云头两面雕。要是用凿扑,每个功加一分功。其雕刻花样的,与华版的功一样。要是一面雕,则减少一半的功):

云栱,长一尺,需要七分功(每增减一寸,则各增减七厘功)。

鹅项,长二尺五寸,需要七分五厘的功(每增减一寸,则各增减三厘功)。

地霞,长二尺,需要一个功另三分(每增减一寸,则各增减六厘五毫功。要是用华盆,则与华版的功相同)。

矮柱,长一尺六寸,需要四分八厘的功(每增减一寸,则各增减三厘的功)。

划万字版,每方长一尺,需要二分功(如果是钩片,则减少五分之一的功)。

椽头盘子(制作钩阑寻杖头与此相同),**剔地云凤或杂花,以直径三寸为标准,需要七分五厘功**(每增减一寸,则各增减二分五厘的功。如果做云龙,则加三分之一的功)。

垂鱼(凿扑宝雕云头的样式;惹草与此相同),**每长五尺,需要四个功**(每增减一尺,则各增减八分的功。如果其间制作云鹤等,则增加四分之一的功)。

惹草,每长四尺,需要二个功(每增减一尺,则各增减五分功。如果其间制作云鹤等,则增加三分之一的功)。

搏枓莲花(带着枝梗),**长一尺二寸,需要一又二分功**(每增减一寸,则各增减一分功。如果不带枝梗,则减少三分之一的功)。

手把飞鱼,长一尺,需要一功二分(每增减一寸,则各增减一分二厘功)。

伏兔荷叶,长八寸,需要四分的功(每增减一寸,则各增减五厘功。要是做成莲花，则增加三分之一的功）。

叉子：

云头，两面雕刻成双云头，每八条，为一个功（单云头加数二分之一。如果只雕一面，则减少一半的功）。

鋜脚壶门版，实雕结带花（透突花与此相同），**每十一盘，需要一个功。**

球文格子挑白，每长四尺，宽二尺五寸，以球文直径五寸为标准计算，需要七分功（如果球文的直径每增减一寸，则各增减五厘功。其格子的长度和宽度不一样的，以面积进行加减）。

旋作

殿堂等杂用名件：

椽头盘子，径五寸，每一十五枚；每增减五分，各加减一枚。

榰角梁宝瓶，每径五寸；每增减五分，各加减一分功。

莲华柱顶，径二寸，每三十二枚；每增减五分，各加减三枚。

木浮沤，径三寸，每二十枚；每增减五分，各加减二枚。

钩阑上葱台钉，高五寸，每一十六枚；每增减五分，各加减二枚。

盖葱台钉筒子，高六寸，每二十二枚；每增减三分，各加减一枚。

右各一功。

柱头仰覆莲胡桃子，二段造。径八寸，七分功；每增一寸，加一分功，若三段造，每一功加二分功。

照壁宝床等所用名件：

注子，高七寸，一功。每增一寸，加二分功。

香炉，径七寸；每增一寸，加一分功；下酒杯盘，荷叶同。

鼓子，高三寸；鼓上钉，环等在内；每增一寸，加一分功。

注盌，径六寸；每增一寸，加一分五厘功。

右各八分功。

酒杯盘[1]，七分功。

荷叶，径六寸；

鼓坐，径三寸五分；每增一寸，加五厘功。

右各五分功。

酒杯，径三寸；莲子同。

卷荷，长五寸；

杖鼓，长三寸；

右各三分功。如长、径各加一寸，各加五厘功。其莲子外贴子造，若剔空旋靨贴莲子，加二分功。

披莲，径二寸八分，二分五厘功。每增减一寸，各加减三厘功。

莲蓓蕾，高三寸，并同上。

佛、道帐等名件：

火珠，径二寸，每一十五枚；每增减二分，各加减一枚；至三寸六分以上，每径增减一分同。

滴当子[2]，径一寸，每四十枚；每增减一分，各加减二枚；至一寸五分以上，每增减一分，各加减一枚。

瓦头子，长二寸，径一寸，每四十枚；每径增减一分，各加减四枚；加至一寸五分止。

瓦钱子，径一寸，每八十枚；每增减一分，各加减五枚。

宝柱子，长一尺五寸，径一寸二分，如长一尺，径二寸者同。每一十五条；每长增减一寸，各加减一条。如长五寸，径二寸，每三十条；每长增减一寸，各加减二条。

贴络门盘浮沤，径五分，每二百枚；每增减一分，各加减一十五枚。

平綦钱子，径一寸，每一百一十枚；每增减一分，各加减八枚；加至一寸二分止。

角铃，以大铃高三寸为率，每一钩；每增减五分，各加减一分功。

栌料，径二寸，每四十枚；每增减一分，各加减一枚。

右各一功。

虚柱头莲华并头瓣，每一副，胎钱子径五寸，八分功。每增减一寸，各加减一分五厘功。

【注释】①酒杯：杯，同"杯"，指盛酒、茶等器皿。

②滴当子：即瓦当，在民间又称"檐合""筒瓦头"，有圆瓦当和半瓦当之分。瓦当是古代中国建筑中筒瓦顶端下垂部分。特指东汉和西汉时期，用以装饰美化和庇护建筑物檐头的建筑附件。

【译文】殿堂等杂用构件：

椽头盘子，直径为五寸，每一十五枚（每增减五分，则各增减一枚）；

楷角梁宝瓶，每直径五寸（每增减五分，则各增减一分的功）；

莲花柱顶，直径二寸，每三十二枚（每增减五分，则各增减三枚）；

木浮沤，直径三寸，每二十枚（每增减五分，则各增减二枚）；

钩阑上葱台钉，有五寸高，每十六枚（每增减五分，则各增减二枚）；

盖葱台钉筒子，高六寸，每二十二枚（每增减三分，则各增减一枚）；

以上各需要一个功。

柱头仰覆莲胡桃子（做成二段），直径八寸，需要七分功（每增加一寸，则要加一分功；如果制成三段，每一个功就要加二分功）；

照壁宝床等所用构件：

柱子，高七寸，需要一个功（每增加一寸，则增加二分的功）。

香炉，直径七分（每增加一寸，则增加一分功；下酒杯盘、荷叶与其相同）；

鼓子，高三寸（鼓上钉、环等包含在内；每增加一寸，则增加一分的功）；

注盌，直径六寸（每增加一寸，则增加一分五厘的功）；

以上各需要八分的功。

酒杯盘，需要七分功。

荷叶，直径六寸；

鼓座，直径三寸五分（每增加一寸，则加五厘的功）。

以上分别需要五分功。

酒杯，直径三寸（莲子与其相同）；

卷荷，长五寸；

杖鼓，长三寸；

以上各需三分功（如果长度和直径各增加一寸，则各增加五厘功。做莲子外贴子，如果剔空旋靥贴莲子，则要增加二分功）。

披莲，直径二寸八分，需要二分五厘的功（每增减一寸，则各增减三厘功）。

莲蓓蕾，高三寸（其余与上面相同）。

佛道帐等名件：

火珠，直径二寸，每十五枚（每增减二分，则各增减一枚；达到三寸六分以上，直径每增减一分，同理类推）；

滴当子，直径一寸，每四十枚（每增减一分，则各增减三枚；到一寸五分以上，每增减一分，则各增减一枚）；

瓦头子，长二寸，直径一寸，每四十枚（直径每增减一分，则各增减四枚；一直增加到一寸五分为止）；

瓦钱子，直径一寸，每八十枚（每增减一分，则各增减五枚）；

宝柱子，长一尺五寸，直径一寸二分（如果长为一尺、直径为二寸的，与此相同），每十五条（长度每增减一寸，各增减一条）；如果长度为五寸，直径为二寸，每三十条（长度每增减一寸，各增减二条）；

贴络门盘浮沤，直径五分，每二百枚（每增减一分，则各增减十五枚）；

平綦钱子，直径一寸，每一百一十枚（每增减一分，各增减八枚；一直加到一寸二分为止）；

角铃，以大铃高三寸为标准，每一钩（每增减五分，则各增减一分的功）；

栌枓，直径二寸，每四十枚（每增减一分，则各增减一枚）；

以上各需要一个功。

虚柱头莲花的并头瓣，每一副，胎钱子直径五寸，需要八个功（每增减一寸，则各增减一分五厘的功）。

锯作

椆、檀、枥木[①]，每五十尺；

榆、槐木、杂硬材[②]，每五十五尺；杂硬材谓海枣、龙菁之类。

白松木，每七十尺；

柟[③]、柏木、杂软材，每七十五尺；杂软材谓香椿，椴木之类[④]。

榆、黄松、水松、黄心木，每八十尺；杉、桐木，每一百尺；

右各一功。每二人为一功；或内有盘截，不计。若一条长二丈以上，枝樘高远，或旧材内有夹钉脚者，并加本功一分功。

【注释】①枥木：枥，通栎，落叶乔木，叶子长椭圆形，结球形坚果，叶可喂蚕；木材坚硬，可制家具、供建筑用，树皮可鞣皮或做染料。亦称“麻栎”“橡”，通称“柞树”。

②硬材：指木材加工上的阔叶木材。木纤维、木薄壁细胞和导管是木材的主要构成分子，一般比针叶木材（软材）要重要硬。

③柟：通“楠”，常绿大乔木，木材坚固，是贵重的建筑材料，又可做船只、器物等。

④椵木：为一种上等木材，具有油脂、耐磨、耐腐蚀，不易开裂，木纹细，易加工，韧性强等特点，广泛应用于细木工板、木制工艺品的制作。

【译文】切割椆、檀、枥木，每条五十尺；

榆、槐木、杂硬材，每条五十五尺（杂硬材就是海枣、龙菁等木料）；

白松木，每条七十尺；

柟、柏木、杂软材，每条七十五尺（杂软材就是香椿、椵木等木料）；

榆、黄松、水松、黄心木，每条八十尺；杉、桐木，每条一百尺；

以上各需要一个功（每二个人为一个功；如果里边有木材已被盘截，不计）。如果一条木料长二丈以上，枝橂很长，或者旧材里面有夹钉脚的，一并在本功的基础上加一分功。

竹 作

织簟，每方一尺：

细基文素簟，七分功。劈篾，刮削，拖摘，收广一分五厘。如刮篾收广三分者，其功减半。织华加八分功；织龙、凤又加二分五厘功。

粗簟，劈篾青白，收广四分。二分五厘功。假基文造，减五厘功。如刮篾收广二分，其功加倍。

织雀眼网，每长一丈，广五尺：

间龙、凤、人物、杂华、刮篾造，三功四分五厘六毫。事造、钉贴在内。如系小木钉贴，即减一分功，下同。

浑青刮篾造，一功九分二厘。

青白造，一功六分。

笍索，每一束：长二百尺，广一寸五分，厚四分。

浑青造，一功一分。

青白造，九分功。

障日篛，每长一丈，六分功。如织簟造，别计织簟功。

每织方一丈：

笆，七分功。楼阁两层以上处，加二分功。

编道，九分功。如缚棚阁两层以上，加二分功。

竹栅，八分功。

夹截，每方一丈，三分功。劈竹篾在内。

搭盖凉棚，每方一丈二尺，三功五分。如打笆造，别计打笆功。

【译文】织竹席，每边长一尺：

细篾的无花綦文竹席，需七分功（包括劈篾、刮削、拖摘，收边的宽为一分五厘。如刮篾收宽为三分，其功减半。织花要加八分功，织龙、凤又加二分五厘功）。

粗篾竹席（用青白篾劈篾，收边的宽为四分），需二分五厘功（制成假綦文的，减五厘功。如刮篾收边的宽为二分，它需要的功加倍）。

织雀眼网，每长一丈，宽五尺：

其间用刮篾的手法做龙、凤、人物、杂花等，需要三个功另四分五厘六毫（造构件、贴钉包括在内。要是小木钉贴，则减去一分功。以下的竹作与此相同）。

浑青刮篾的做法，需要一个功另九分二厘。

青白的做法，需一个功另六分。

笍索，每一束（长二百尺，广一寸五分，厚四分）：

浑青的做法，需一个功另一分。

青白的做法，需九分功。

障日篛，每长为一丈，需六分功（如制作织竹席，另外计算织竹席的用功定额）。

每张竹席边长为一丈：

竹笆，需七分功（楼阁在两层以上的，需加二分功）。

编道，需九分功（如缚棚阁在两层以上的，需加二分功）。

竹栅栏，需八分功。

夹截，每边长为一丈，需三分功（劈竹篾的用功定额包括在内）。

搭盖凉棚，每边长为一丈二尺，需三个功另五分（要是用打笆的做法，另外计算打笆的用功）。

卷第二十五

诸作功限二

瓦 作

斫事瓪瓦口：以一尺二寸瓪瓦、一尺四寸瓪瓦为准：打造同。

琉璃：

撺窠，每九十口；每增减一等，各加减二十口；至一尺以下，每减一等，各加三十口。解桥，打造大当沟同，每一百四十口。每增减一等，各加减三十口；至一尺以下，每减一等，各加四十口。

青掍素白：

撺窠，每一百口；每增减一等，各加减二十口；至一尺以下，每减一等，各加三十口。解桥，每一百七十口。每增减一等，各加减三十五口；至一尺以下，每减一等，各加四十五口。

右各一功。

打造瓪瓪瓦口：

琉璃瓪瓦：

线道，每一百二十口。每增减一等，各加减二十五口，加至一尺四寸止；至一尺以下，每减一等，各加三十五口；㸯画者加三分之一；青掍素白瓦同。

条子瓦，比线道加一倍；㸯画者加四分之一，青掍素白瓦同。

青掍素白：

瓪瓦大当沟，每一百八十口。每增减一等，各加减三十口；至一尺以下，每减一等，各加三十五口。

瓪瓦：

线道，每一百八十口；每增减一等，各加减三十口；加至一尺四寸止。

条子瓦，每三百口；每增减一等；各加减六分之一；加至一尺四寸止。

小当沟，每四百三十枚；每增减一等，各加减三十枚。

右各一功。

结瓮，每方一丈（如尖斜高峻，比直行每功加五分功）：

瓪瓪瓦：

琉璃，以一尺二寸为准。二功二分。每增减一等，各加减一分功。

青掍素白，比琉璃其功减三分之一。

散瓦，大当沟，四分功。小当沟减功三分之一。

垒脊，每长一丈：曲脊，加长二倍。

琉璃，六层；

青掍素白，用大当沟，一十一层；用小当沟者，加二层。

右各一功。

安卓：

火珠，每坐，以径二尺为准。二功五分。每增减一等，各加减五分功。

琉璃，每一只：

龙尾，每高一尺，八分功。青掍素白者，减二分功。

鸱尾，每高一尺，五分功。青棍素白者，减一分功。

兽头，以高二尺五寸为准。七分五厘功。每增减一等，各加减五厘功；减至一分止。

套兽，以口径一尺为准。二分五厘功。每增减二寸，各加减六厘功。

嫔伽，以高一尺二寸为准。一分五厘功。每增减二寸，各加减三厘功。

阀阅，高五尺，一功。每增减一尺，各加减二分功。

蹲兽，以高六寸为准。每一十五枚；每增减二寸，各加减三枚。

滴当子，以高八寸为准。每三十五枚；每增减二寸，各加减五枚。

右各一功。

系大箔，每三百领；铺箔减三分之一。

抹栈及笆箔，每三百尺；

开燕颔版，每九十尺；安钉在内。

织泥篮子，每一十枚；

右各一功。

【译文】瓪瓦口的修斫（以一尺二寸的瓪瓦、一尺四寸的瓪瓦为标准：打造这种瓦的用功计算方式与此相同）：

琉璃瓦：

撺窠，每组九十口（每增减一等，各加减二十口；至一尺以下，每减一等，就各加三十口）；

解挢，打造大当沟与之相同，每组一百四十口（每增减一等，就各加减三十口；至一尺以下，每减一等，就各加四十口）；

青棍素白：

撺窠，每组一百口（每增减一等，就各加减二十口；至一尺以下，每减一等，就各加三十口）；

解桥，每组一百七十口（每增减一等，就各加减三十五口；至一尺以下，每减一等，就各加四十五口）；

以上各需一个功。

打造瓪瓪瓦口：

琉璃瓪瓦：

线道瓦，每一百二十口（每增减一等，就各加减二十五口，加到一尺四寸为止；至一尺以下，每减一等，就各加三十五口；剺画者加三分之一的功；青掍素白瓦与此相同）；

条子瓦，比线道瓦加一倍的功（剺画者加四分之一的功，青掍素白瓦与此相同）；

青掍素白：

瓪瓦大当沟，每一百八十口（每增减一等，就各加减三十口；至一尺以下，每减一等，就各加三十五口）；

瓪瓦：

线道，每一百八十口（每增减一等，就各加减三十口；加到一尺四寸为止）；

条子瓦，每三百口（每增减一等，就各加减六分之一的功；加到一尺四寸为止）；

小当沟，每四百三十枚；（每增减一等，就各加减三十枚；）

以上各需一个功。

结宽，每方长一丈（要是在尖斜高峻处结瓦，比在直行处结瓦，每个功加五分功）：

瓪瓪瓦：

琉璃（以一尺二寸为标准），**需二个功另二分**（每增减一等，则各加减一分功）。

青掍素白，与制琉璃瓦的功相比减少三分之一。

散瓦，大当沟，需四分功（小当沟减三分之一的功）。

垒脊，每长一丈（曲脊，加长二倍）：

琉璃瓦，六层；

青掍素白，用大当沟，十层（用小当沟的，加二层）；

以上各需一个功。

安装：

每座火珠（以直径二尺为标准），需二个功另五分（每增减一等，各加减五分功）。

琉璃，每一只：

龙尾，每高一尺，需八分功（用青掍素白的，则减二分功）。

鸱尾，每高一尺，需五分功（用青掍素白的，则减一分功）。

兽头（标准定为高二尺五寸），需七分五厘功（每增减一等，就各加减五厘功；一直减到一分为止）。

套兽（标准定为口径一尺），需二分五厘功（每增减二寸，则各加减六厘功）。

嫔伽（标准定为高一尺二寸），需一分五厘功（每增减二寸，就各加减三厘功）。

阀阅，高五尺，需一个功（每增减一尺，则各加减二分功）。

蹲兽（标准定为高六寸），每十五枚（每增减二寸，则各加减三枚）；

滴当子（标准定为高八寸），每三十五枚（每增减二寸，则各加减五枚）；

以上各需一个功。

系大箔，每三百领（铺箔减三分之一的功）；

抹栈及笆箔，每三百尺；

开燕颔版，每九十尺（安钉包含在内）；

织泥篮子，每十枚；

以上各需一个功。

泥 作

每方一丈：殿宇、楼阁之类，有转角、合角、托匙处，于本作每功上加五分功；高二丈以上，每一丈每一功各加一分二厘功；加至四丈止，供作并不加；即高不满七尺，不须棚阁者，每功减三分功；贴补同。

红石灰，黄、青、白石灰同。五分五厘功。收光五遍，合和、斫事、麻捣在内。如仰泥缚棚阁者，每两椽加七厘五毫功，加至一十椽止。下并同。

破灰；

细泥；

右各三分功。收光在内。如仰泥缚棚阁者，每两椽各加一厘功。其细泥作画壁，并灰衬，二分五厘功。

粗泥，二分五厘功。如仰泥缚棚阁者，每两椽加二厘功。其画壁披盖麻篾，并搭乍中泥，若麻灰细泥下作衬，一分五厘功。如仰泥缚棚阁，每两椽各加五毫功。

沙泥画壁：

劈篾、被篾，共二分功。

披麻，一分功。

下沙收压，一十遍，共一功七分。栱眼壁同。

垒石山，泥假山同。五功。

壁隐假山，一功。

盆山，每方五尺，三功。每增减一尺，各加减六分功。

用坯：

殿宇墙，厅、堂、门、楼墙，并补垒柱窠同。每七百口；廊屋、散舍墙，加一百口。

贴垒脱落墙壁，每四百五十口；创接垒墙头射垛，加五十口。

垒烧钱炉，每四百口；

侧札照壁，窗坐、门颊之类同。每三百五十口；

垒砌灶，茶炉同。每一百五十口；用砖同、其泥饰各约计积尺别计功。

右各一功。

织泥篮子，每一十枚，一功。

【译文】涂装的面积每方长一丈（殿宇、楼阁等建筑，有转角、合角、托匙的地方，在此次作业中所需的每功基础上增加五分功；高度在二丈以上的，则每丈每功分别增加一分二厘的功；增加到四丈为止，但是供作的不加；高度不足七尺，不需要搭建棚阁的，每功需减少三分功；贴补与此相同）：

红石灰（黄、青、白石灰与之相同），**需要五分五厘功**（收光五遍，合和、斫事、麻擣包括在内。要是仰泥缚棚阁的，每两椽需要各加七厘五毫功，增加到十椽为止。以下与此相同）。

破灰；

细泥；

以上各需要三分功（收光包括在内。要是仰泥缚棚阁的，每两椽需各增加一厘功。细泥作画壁，并使用灰衬的，需要二分五厘功）。

粗泥，需要二分五厘功（要是仰泥缚棚阁的，每两椽需要增加二厘功。画壁披盖麻蔑，并且搭乍中泥，如果是麻灰细泥下作衬，需要一分五厘功。如果是仰泥缚棚阁，每两椽各增五毫功）。

沙泥画壁：

劈篾、被篾，共二分功。

披麻，需一分功。

十遍下沙收压，共一功七分（拱眼壁与此相同）。

垒石山（泥假山与此相同），需五功。

壁隐假山，需一功。

盆山，每方长五尺，需三功（每增减一尺，分别增减六分功）。

用坯：

殿宇墙（厅、堂、门、楼的墙，补垒柱窠都与之相同），每七百口（廊屋、散舍墙，需加一百口）；

贴垒脱落墙壁，每四百五十口（创接垒墙头射垛，需加五十口）；

垒烧钱炉，每四百口；

侧札照壁（窗坐、门颊等与此相同），每三百五十口；

垒砌灶（茶炉与此相同），每一百五十口（用砖与此相同，另外计算泥饰各约计积尺的功）；

以上各需要一个功。

织泥篮子，每十枚，需要一功。

彩画作

五彩间金：

描画、装染，四尺四寸；平綦、华子之类，系雕造者，即各减数之半。

上颜色雕华版，一尺八寸；

五彩遍装亭子、廊屋、散舍之类，五尺五寸；殿宇、楼阁，各减数五分之一；如装画晕锦，即各减数十分之一；若描白地枝条华，即各加数十分之一；或装四出、六出锦者同。

右各一功。

上粉贴金出褫，每一尺，一功五分。

青绿碾玉，红或抢金碾玉同。亭子、廊屋、散舍之类，一十二尺；殿宇、楼阁各项，减数六分之一。

青绿间红、三晕棱间、亭子、廊屋、散舍之类，二十尺；殿宇、楼阁各项，减数四分之一。

青绿二晕棱间，亭子、廊屋、散舍之类；殿宇、楼阁各项，减数五分之一。

解绿画松、青绿缘道，厅堂、亭子、廊屋、散舍之类，四十五尺；殿宇、楼阁、减数九分之一；如间红三晕，即各减十分之二。

解绿赤白，廊屋、散舍、华架之类，一百四十尺；殿宇即减数七分之二；若楼阁、亭子、厅堂、门楼及内中屋各项，减廊屋数七分之一；若间结华或卓柏，各减十分之二。

丹粉赤白，廊屋、散舍、诸营、厅堂及鼓楼、华架之类，一百六十尺；殿宇、楼阁，减数四分之一；即亭子、厅堂、门楼及皇城内屋，各减八分之一。

刷土黄、白缘道，廊屋、散舍之类，一百八十尺；厅堂、门楼、凉棚各项，减数六分之一，若墨缘道，即减十分之一。

土朱刷，间黄丹或土黄刷，带护缝、牙子抹绿同。版壁、平暗、门、窗、义子、钩阑、棵笼之类，一百八十尺。若护缝、牙子解染青绿者，减数三分之一。

合朱刷：

格子，九十尺；抹合绿方眼同；如合绿刷球文，即减数六分之一；若合朱画松，难子、壸门解压青绿，即减数之半；如抹合缘于障水版之上，刷青地描染戏兽、云子之类，即减数九分之一；若朱红染，难子、壸门、牙子解染青绿，即减数三分之一，如土朱刷间黄丹，即加数六分之一。

平暗、软门、版壁之类，难子、壸门、牙头、护缝解青绿。一百二十尺；通刷素绿同；若抹绿，牙头、护缝解染青华，即减数四分之一；如朱红染，牙头、护缝等解染青绿，即减数之半。

槛面、钩阑，抹绿同。一百八尺；万字、钩片版、难子上解染青绿，或障水版之上描染戏兽、云子之类，即各减数三分之一，朱红染同。

义子，云头、望柱头五彩或碾玉装造。五十五尺；抹绿者，加数五分之一；若朱红染者，即减数五分之一。

棵笼子，间刷素绿，牙子、难子等解压青绿。六十五尺；

乌头绰楔门，牙头、护缝、难子压染青绿，棂子抹绿。一百尺；若高，广一丈以上，即减数四分之一；如若土刷间黄丹者，加数二分之一。

抹合绿窗，难子刷黄丹，颊、串、地栿刷土朱，一百尺；

华表柱并装染柱头、鹤子、日月版；须缚棚阁者，减数五分之一。

刷土朱通造，一百二十五尺；

绿笋通造，一百尺；

用桐油，每一斤；煎合在内。

右各一功。

【译文】五彩间金：

描画、装染，为四尺四寸（平棊、华子等，属于雕刻，就要各自数量减半）；

上颜色雕花版，为一尺八寸；

五彩遍装亭子、廊屋、散舍等，为五尺五寸（殿宇、楼阁，各减五分之一的数；要是装画晕锦，就要各减数十分之一；要是描白地枝条花，就要各增数十分之一；如果装饰四出、六出锦的情况与此相同）；

以上各需要一个功。

上粉贴金出褫，每一尺，需要一功五分。

青绿碾玉（红或者抢金碾玉与此相同），绘于亭子、廊屋、散舍等，为十二尺；（殿宇、楼阁等，须减去六分之一的数）；

青绿间红、三晕棱间、绘于亭子、廊屋、散舍等，为二十尺（殿宇、楼阁等，须减去四分之一的数）；

青绿二晕棱间，绘于亭子、廊屋、散舍等（殿宇、楼阁等，须减数五分之一）；

解绿画松、青绿缘道，绘于厅堂、亭子、廊屋、散舍等，为四十五尺（殿宇、楼阁，须减数九分之一；要是间红三晕，即各减去数的十分之二）；

解绿赤白，绘于廊屋、散舍、华架等，为一百四十尺（殿宇需减少七分之二的数；要是绘于楼阁、亭子、厅堂、门楼以及内中屋等，就减去廊屋数的七分之一；如果间结华或卓柏，就各减去数的十分之二）；

丹粉赤白，绘于廊屋、散舍、诸营、厅堂及鼓楼、花架等，为一百六十尺（殿宇、楼阁，须减数四分之一；绘于亭子、厅堂、门楼及皇城内屋，须各减去数的八分之一）；

刷土黄、白缘道，绘于廊屋、散舍等，为一百八十尺（绘于厅堂、门楼、凉棚等，须减数六分之一，如果是墨缘道，就减数十分之一）；

土朱刷（间黄丹或土黄刷，带护缝、牙子抹绿的与此相同），绘于版壁、平暗、门、窗、叉子、钩阑、棵笼等，为一百八十尺（要是护缝、牙子解染青绿的，须减数三分之一）。

合朱刷：

格子，为九十尺（抹合绿方眼与此相同；如果是合绿刷球文，须减数六分之一；如果是合朱画松，难子、壶门解压青绿，须减数一半；如果是抹合缘在障水版的上面，刷青地描染戏兽、云子等，就要减数九分之一；如果是朱红染，难子、壶门、牙子解染青绿，就要减数三分之一；如果是土朱刷间黄丹，就要增加数的六分之一）；

绘于平暗、软门、版壁等（难子、壶门、牙头、护缝使用解染青绿），**为一百二十尺**（通刷素绿与此相同；要是抹绿，牙头、护缝则解染青华，就要减数四分之一；要是染朱红，牙头、护缝等则解染青绿，就要减数一半）；

槛面、钩阑（抹绿与此相同），**为一百八尺**（万字、钩片版、难子上解染青绿，或者在障水版上描染戏兽、云子等，就各减数三分之一，染朱红与此相同）；

义子（云头、望柱头饰有五彩或者装饰碾玉），**为五十五尺**（抹绿的，须加数五分之一；如果是染朱红的，即减数五分之一）；

棵笼子（间刷素绿，牙子、难子等使用解压青绿），**为六十五尺**；

乌头绰楔门（牙头、护缝、难子上压染青绿，棂子抹绿），**为一百尺**（如果高度、宽度都在一丈以上，则减数四分之一；要是土刷间黄丹的，须增数二分之一）；

抹合绿窗（难子刷黄丹，颊、串、地栿刷土朱），**为一百尺**；

华表柱并装染柱头、鹤子、日月版（要是须缚棚阁的，就减数五分之一）；

刷土朱通造，为一百二十五尺；

绿笋通造，为一百尺；

用桐油，每一斤（包括煎合在内）；

以上各需要一个功。

砖 作

斫事：

方砖：

二尺，一十三口；每减一寸；加二口。

一尺七寸，二十口；每减一寸，加五口。

一尺二寸，五十口；

压阑砖，二十口；

右各一功。铺砌功，并以斫事砖数加之；二尺以下，加五分；一尺七寸，加六分；一尺五寸以下，各倍加；一尺二寸，加八分；压阑砖，加六分。其添补功，即以铺砌之数减半。

条砖，长一尺三寸，四十口，趄条砖加一分。一功。垒砌功，即以斫事砖数加一倍；趄面砖同，其添补者，即减创垒砖八分之五。若砌高四尺以上者，减砖四分之一。如补换华头，即以斫事之数减半。

粗垒条砖，谓不斫事者。长一尺三寸，二百口，每减一寸加一倍。一功。其添补者，即减创垒砖数：长一尺三寸者，减四分之一；长一尺二寸，各减半；若垒高四尺以上，各减砖五分之一；长一尺二寸者，减四分之一。

事造剜凿：并用一尺三寸砖。

地面斗八，阶基、城门坐砖侧头、须弥台坐之类同。龙、凤、华样人物、壶门、宝瓶之类；

方砖，一口；间窠球文，加一口半。

条砖，五口；

右各一功。

透空气眼：

方砖，每一口：

神子，一功七分。

龙、凤、华盆，一功三分。

条砖：壶门，三枚半，每一枚用砖百口。一功。

刷染砖甋、基阶之类，每二百五十尺，须缚棚阁者，减五分之一。一功。

甃垒井，每用砖二百口，一功。

淘井，每一眼，径四尺至五尺，二功。每增一尺，加一功；至九尺以上，每增一尺，加二功。

【译文】砖雕工艺：

方砖：

二尺，有十三口（每减少一寸，则增加二口）；

一尺七寸，有二十口（每减少一寸，则增加五口）；

一尺二寸，有五十口；

压阑砖，有二十口；

以上分别需要一个功（计算铺砌的用功，需要加上砖雕工艺所用的砖数。二尺以下的，增加五分功；一尺七寸的，增加六分功；一尺五寸以下的，各种加倍；一尺二寸的，加八分功；压阑砖，加六分功。添补功的计算，要把铺砌的数减去一半）。

条砖，长一尺三寸，有四十口（趄面砖则加一分功），需要一功（计算垒砌功，要在砖雕工艺所用砖数的基础上增加一倍；趄面砖与此相同，计算添补的情况，要减创垒砖的八分之五。如果砌高四尺以上的，需减去砖的四分之一。要是补换华头，就要把砖雕工艺所用的砖数减去一半）。

粗垒条砖（指不进行砖雕工艺的砖），长一尺三寸，有二百口（每减少一寸则增加一倍），需要一功（计算添补的情况，需要减去创垒的砖数：长一尺三寸的，需要减去四分之一；长一尺二寸的，需要分别减少一半；要是垒高为四尺以上的，需要分别减少砖的五分之一；长一尺二寸的，需要减去四分之一）。

对砖进行剜凿（用一尺三寸的砖包含在内）：

地面斗八（阶基、城门的坐砖侧头、须弥台坐等与此相同），雕刻龙、凤、花样人物、壶门、宝瓶等；

方砖，为一口（间窠球纹，需要增加一口半）；

条砖，为五口；

以上分别需要一个功。

透空气眼：

方砖，每一口：

神子，需要一功七分。

龙、凤、花盆，需要一功三分。

条砖：壶门使用的，需三枚半（每一枚用一百口砖），为一功。

刷染砖甋、基阶等，每二百五十尺（要是须缚棚阁的，要减去五分之一），需要一功。

甃垒井，每用二百口砖，需要一功。

淘井，每一眼，直径为四尺到五尺，需要二功（每增加一尺，则增加一功；到九尺以上，每增加一尺，则增加二功）。

窑 作

造坯：

方砖：

二尺，一十口；每减一寸，加二口。

一尺五寸，二十七口；每减一寸，加六口；砖碇与一尺三寸方砖同。

一尺二寸，七十六口；盘龙凤、杂华同。

条砖：

长一尺三寸，八十二口；牛头砖同；其趄面砖加十分之一。

长一尺二寸，一百八十七口；趄条并走趄砖同。

压阑砖，二十七口；

右各一功。般取土末，和泥、事褫、晒曝、排垛在内。

瓪瓦，长一尺四寸，九十五口；每减二寸，加三十口；其长一尺以下者，减一十口。

瓪瓦：

长一尺六寸，九十口；每减二寸，加六十口；其长一尺四寸展样，比长一尺四寸瓦减二十口。

长一尺，一百三十六口；每减二寸，加一十二口。

右各一功。其瓦坯并华头所用胶土，并别计。

黏瓪瓦华头，长一尺四寸，四十五口；每减二寸，加五口；其一尺以下者，即倍加。

拨瓪瓦重唇，长一尺六寸，八十口；每减二寸，加八口；其一尺二寸以下者，即倍加。

黏镇子砖系，五十八口；

右各一功。

造鸱、兽等，每一只：

鸱尾，每高一尺，二功。龙尾，功加三分之一。

兽头：

高三尺五寸，二功八分。每减一寸，减八厘功。

高二尺，八分功。每减一寸，减一分功。

高一尺二寸，一分六厘八毫功。每减一寸，减四毫功。

套兽，口径一尺二寸，七分二厘功。每减二寸，减一分三厘功。

蹲兽，高一尺四寸，二分五厘功。每减二寸，减二厘功。

嫔伽，高一尺四寸，四分六厘功。每减二寸，减六厘功。

角珠，每高一尺，八分功。

火珠，径八寸，二功。每增一寸，加八分功；至一尺以上，更于所加八分功外，递加一分功：谓如径一尺，加九分；径一尺一寸，加一功之类。

阀阅，每高一尺，八分功。

行龙、飞凤、走兽之类，长一尺四寸，五分功。

用茶土掍瓶瓦，长一尺四寸，八十口，一功。长一尺六寸瓪瓦同，其华头、重唇在内。余准此。如每减二寸，加四十口。

装素白砖瓦坯，青掍瓦同；如滑石掍，其功在内。大窑计烧变所用芟草数，每七百八十束曝窑，三分之一。为一窑；以坯十分为率，须于往来一里外至二里，般六分，共三十六功。递转在内。曝窑，三分之一。若般取六分以上，每一分加三功，至四十二功止。曝窑，每一分加一功，至一十五功止。即四分之外及不满一里者，每一分减三功，减至二十四功止。曝窑，每一分减一功，减至七功止。

烧变大窑，每一窑：

烧变，一十八功。曝窑，三分之一。出窑功同。

出窑，一十五功。

烧变琉璃瓦等，每一窑，七功。合和、用药、般装、出窑在内。

捣罗洛河石末，每六斤一十两，一功。

炒黑锡，每一料，一十五功。

垒窑，每一坐：

大窑，三十二功。

曝窑，一十五功三分。

【译文】制造待烧的坯子：

方砖：

二尺的，有十口（每减少一寸，需要增加二口）；

一尺五寸的，有二十七口（每减少一寸，需要增加六口；砖碇与一尺三寸的方砖相同）；

一尺二寸的，有七十六口（盘龙凤、杂花与此相同）；

条砖：

长一尺三寸的，有八十二口（牛头砖与此相同；其趄面砖需加十分之一）；

长一尺二寸的，有一百八十七口（趄条砖和走趄砖与其相同）；

压阑砖，有二十七口；

以上分别需要一功（包括搬取土末，和泥、事褫、晒曝、排垛）。

瓪瓦，长一尺四寸的，有九十五口（每减二寸，需要增加三十口；长度在一尺以下的，需要减少十口）

瓪瓦：

长一尺六寸的，有九十口（每减二寸，需要增加六十口；长度为一尺四寸够一定标准的，比照长一尺四寸的瓪瓦，需要减少二十口）；

长一尺的，有一百三十六口（每减二寸，需要增加十二口）；

以上分别需要一个功（瓦坯和华头所用的胶土，需另外计算）。

黏瓪瓦华头，长一尺四寸的，有四十五口（每减少二寸，需增加五口；长度在一尺以下的，需加倍）；

拨瓪瓦重唇，长一尺六寸的，有八十口（每减少二寸，需增加八口；长度在一尺二寸以下的，需加倍）；

黏镇子砖系，有五十八口；

以上分别需要一个功。

造鸱、兽等，每一只：

鸱尾，每高度为一尺，需要二功（龙尾，需加三分之一的功）。

兽头：

高三尺五寸的，需要二功八分（每减少一寸，需要减少八厘功）。

高二尺的，需要八分功（每减少一寸，需要减少一分功）。

高一尺二寸的，需要一分六厘八毫功（每减少一寸，需要减少四毫功）。

套兽，口径为一尺二寸的，需要七分二厘功（每减少二寸，需要减少一分三厘功）。

蹲兽，高一尺四寸的，需要二分五厘功（每减少二寸，需要减少二厘功）。

嫔伽，高一尺四寸的，需要四分六厘功（每减少二寸，需要减少六厘功）。

角珠，每高度为一尺，需要八分功。

火珠，直径为八寸，需要二功（每增加一寸，需要增加八分功；到一尺以上，要在所加的八分功之外，递增一分功：比如直径为一尺，需加九分功；直径为一尺一寸，需加一功，以此类推）。

阀阅，每高一尺，需要八分功。

行龙、飞凤、走兽等，长一尺四寸，需要五分功。

用茶土掍甋瓦，长一尺四寸的，有八十口，需要一功（长一尺六寸的瓪瓦与之相同，包括华头、重唇。其余的依照此为准。比如每减少二寸，需要增加四十口）。

装素白砖瓦坯（青掍瓦与其相同；要是滑石掍，计算它的用功也包含在内），大窑计算烧变所用的芟草数，每七百八十束（曝窑的用功定额，为其三分之一）为一窑；标准定为制造土坯需要十分功，必须在来回一里到二里之外搬取，需要六分功，共计三十六功（递转包含在内。曝窑的用功定额为其三分之一）。如果搬取的功在六分以上，则每一分需要增加三功，增加到四十二功为止（曝窑，每一分需要增加一功，增加到十五功为止）。搬取的功在四分之外但不足一里的，每一分需要减少三功，减少到二十四功为止（曝窑，每一分需要减少一功，减少到七功为止）。

烧变大窑，每一窑：

烧变，需要十八功（曝窑的用功定额，为其三分之一。出窑所需的功与其相同）。

出窑，需要十五功。

烧变琉璃瓦等，每一窑，需要七功（包括合和、用药、搬装、出窑的用功定额）。

捣罗洛河石末，每六斤一十两，需要一功。

炒黑锡，每一料，需要十五功。

垒窑，每一座：

大窑，需要三十二功。

曝窑，需要十五功三分。

卷第二十六

诸作料例一

石 作

蜡面，每长一丈，广一尺：碑身、鳌坐同。

黄蜡，五钱；

木炭，三斤；一段通及一丈以上者，减一斤。

细墨，五钱。

安砌，每长三尺，广二尺，矿石灰五斤。赑屃碑一坐，三十斤；笏头碣，一十斤。

每段：

熟铁鼓卯，二枚；上下大头各广二寸，长一寸；腰长四寸；厚六分；每一枚重一斤。

铁叶，每铺石二重，隔一尺用一段。每段广三寸五分，厚三分。如并四造，长七尺；并三造，长五尺。

灌鼓卯缝，每一枚，用白锡三斤。如用黑锡，加一斤。

【译文】蜡面，每长一丈，宽一尺（碑身、鳌座与此相同）：

五钱黄蜡；

三斤木炭（一段通及一丈以上的，减去一斤）；

五钱细墨。

安砌，每长三尺，宽二尺，需要五斤矿石灰（一座赑屃碑，需要三十斤矿石灰；笏头碣，需要十斤矿石灰）。

每段：

二枚熟铁鼓卯（上下大头每种宽二寸，长一寸；腰长四寸；厚六分；每一枚有一斤重）；

铁叶，每铺石二重，隔一尺用一段（每段宽三寸五分，厚三分。假如并四造，长七尺；并三造，长五尺）。

灌鼓卯缝，每一枚，用三斤白锡（要是用黑锡，则加一斤）；

大木作小木作附

用方木：

大料模方，长八十尺至六十尺，广三尺五寸至二尺五寸，厚二尺五寸至二尺，充十二架椽至八架椽栿。

广厚方，长六十尺至五十尺，广三尺至二尺，厚二尺至一尺八寸，充八架椽栿并檐栿、绰幕、大檐头。

长方，长四十尺至三十尺，广二尺至一尺五寸，厚一尺五寸至一尺二寸，充出跳六架椽至四架椽栿。

松方，长二丈八尺至二丈三尺，广二尺至一尺四寸，厚一尺二寸至九寸，充四架椽至三架椽栿、大角梁、檐额、压槽方、高一丈五尺以上版门及裹栿版、佛道帐所用料槽、压厦版。其名件广厚非小松以下可充者同。

朴柱，长三十尺，径三尺五寸至二尺五寸，充五间八架椽以上殿柱。

松柱，长二丈八尺至二丈三尺，径二尺至一尺五寸，就料剪截，充七间八架椽以上殿副阶柱或五间、三间八架椽至六架椽殿身柱，或七间至三间八架椽至六架椽厅堂柱。

就全条料又剪截解割用下项：

小松方，长二丈五尺至二丈二尺，广一尺三寸至一尺二寸，厚九寸至八寸；

常使方，长二丈七尺至一丈六尺，广一尺二寸至八寸，厚七寸至四寸；

官样方，长二丈至一丈六尺，广一尺二寸至九寸，厚七寸至四寸；

截头方，长二丈至一丈八尺，广一尺三寸至一尺一寸，厚九寸至七寸五分；

材子方，长一丈八尺至一丈六尺，广一尺二寸至一尺，厚八寸至六寸；

方八方，长一丈五尺至一丈三尺，广一尺一寸至九寸，厚六寸至四寸；

常使方八方，长一丈五尺至一丈三尺，广八寸至六寸，厚五寸至四寸；

方八子方，长一丈五尺至一丈二尺，广七寸至五寸，厚五寸至四寸。

【译文】用枋木：

大料模枋，长从八十尺到六十尺，宽从三尺五寸到二尺五寸，厚从二尺五寸到二尺，充任十二架椽到八架椽栿。

宽厚枋，长从六十尺到五十尺，宽从三尺到二尺，厚从二尺到一尺八寸，充任八架椽袱以及檐栿、绰幕、大檐头。

长枋，长从四十尺到三十尺，宽从二尺到一尺五寸，厚从一尺五寸到一尺二寸，充任出跳六架椽到四架椽栿。

松枋，长从二丈八尺到二丈三尺，宽从二尺到一尺四寸，厚从一尺二寸到九寸，充任四架椽到三架椽栿、大角梁、檐额、压槽枋，还有高一丈五尺以上的版门及裹栿版、佛道帐所用的料槽、压厦版（这些构件中只要其宽度、厚度在小松枋以下不可以充任的，尺寸与此相同）。

朴柱，长三十尺，直径从三尺五寸到二尺五寸，充任五间八架椽以上的殿柱。

松柱，长从二丈八尺到二丈三尺，直径从二尺到一尺五寸，根据其材料来剪截，充任七间八架椽以上的殿副阶柱或者是充任五间、三间的八架椽到六架椽的殿身柱，又或者是充任七间到三间八架椽至六架椽的厅堂柱。

根据全条料以及剪截解割的尺寸用到以下几项：

小松枋，长从二丈五尺到二丈二尺，宽从一尺三寸到一尺二寸，厚从九寸到八寸；

常使枋，长从二丈七尺到一丈六尺，宽从一尺二寸到八寸，厚从七寸到四寸；

官样枋，长从二丈到一丈六尺，宽从一尺二寸到九寸，厚从七寸到四寸；

截头枋，长从二丈到一丈八尺，宽从一尺三寸到一尺一寸，厚从九寸到七寸五分；

材子枋，长从一丈八尺到一丈六尺，宽从一尺二寸到一尺，厚从八寸到六寸；

方八枋，长从一丈五尺到一丈三尺，宽从一尺一寸到九寸，厚从六寸到四寸；

常使方八枋，长从一丈五尺到一丈三尺，宽从八寸到六寸，厚从五寸到四寸；

方八子枋，长从一丈五尺到一丈二尺，宽从七寸至五寸，厚从五寸到四寸。

竹作

色额等第：

上等：每一径一寸，分作四片，每片广七分。每径加一分，至一寸以上，准此计之；中等同。其打笆用下等者，只推竹造。

漏三，长二丈，径二寸一分；系除梢实收数、下并同；

漏二，长一丈九尺，径一寸九分；

漏一，长一丈八尺，径一寸七分。

中等：

大竿条，长一丈六尺，织簟，减一尺；次竿头竹同。径一寸五分；

次竿条，长一丈五尺，径一寸三分；

头竹，长一丈二尺，径一寸二分；

次头竹，长一丈一尺，径一寸。

下等：

笪[①]竹，长一丈，径八分；

大管，长九尺，径六分；

小管，长八尺，径四分。

织细棊文素簟，织华及龙、凤造同。每方一尺，径一寸二分竹一条。衬簟在内。

织粗簟，假棊文簟同。每方二尺，径一寸二分竹一条八分。

织雀眼网，每长一丈，广五尺。以径一寸二分竹：

浑青造，一十一条；内一条作贴；如用木贴，即不用；下同。

青白造，六条。

笍索，每一束，长二百尺，广一寸五分，厚四分。以径一寸三分竹；

浑青迭四造，一十九条；

青白造，一十三条。

障日篛，每三片，各长一丈，广二尺；径一寸三分竹，二十一条；劈篾在内。芦蕟[②]，八领。压缝在内。如织簟造，不用。

每方一丈：

打笆，以径一寸三分竹为率，用竹三十条造。一十二条作经，一十八条作纬，钩头、搀压在内。其竹，若瓪瓦结瓷，六椽以上，用上等；四椽及瓪瓦六椽以上，用中等；瓪瓦两椽，瓪瓦四椽以下，用下等。若阙本等，以别等竹比折充。

编道，以径一寸五分竹为率，用二十三条造。榥并竹钉在内。阙，以别色充。若照壁中缝及高不满五尺，或栱壁、山斜、泥道，以次竿或头竹、次竹比折充。

竹栅，以径八分竹一百八十三条造。四十条作经，一百四十三条作纬编造。如高不满一丈，以大管竹或小管竹比折充。

夹截：

中箔，五领；搀压在内。

径一寸二分竹，一十条。劈篾在内。

搭盖凉棚，每方一丈二尺：

中箔，三领半；

径一寸三分竹，四十八条；三十二条作椽，四条走水，四条裹唇，三条压缝，五条劈篾：青白用。

芦蕟，九领。如打笆造，不用。

【注释】①笪（dá）：一种用粗竹篾编成的像席的东西，晾晒粮食用。

②芦蕟（fà）：芦苇编织的席。

【译文】竹材的种类、数量、等级：

上等竹材（每直径一寸，分成四片，每片宽七分。每直径增加一分，到一寸以上，遵照此标准来计算它的尺寸；中等的竹材与此相同。其打笆使用下等竹材的，只使用做竹材的标准来推算）：

孔隙是三个的竹材，长二丈，直径为二寸一分（系除梢是实收数，以下的竹材与其相同）。

孔隙是两个的竹材，长一丈九尺，直径为一寸九分；

孔隙是一个的竹材，长一丈八尺，直径为一寸七分。

中等竹材：

大的竿竹条，长一丈六尺（要是织竹席，就减去一尺；次竿头竹与此相同），直径为一寸五分；

次竿竹条，长一丈五尺，直径为一寸三分；

头竹，长一丈二尺，直径为一寸二分；

次头竹，长一丈一尺，直径为一寸。

下等竹材：

笪竹，长一丈，直径为八分；

大管，长九尺，直径为六分；

小管，长八尺，直径为四分。

编织细的棊文素竹席（织花或龙、凤的情况与其相同），每方长一尺，取一条直径为一寸二分的竹（衬席包含在内）。

编织粗竹席（假棊文竹席与此相同），每方长二尺，取直径为一寸二分的竹一条八分。

编织雀眼网（每长一丈，宽五尺），取直径为一寸二分的竹：

都用青篾来制作，有十一条（里面一条作贴；要是用木贴，就不用竹贴了；以下与此相同）；

都用青白篾来制作，有六条。

芮索，每一束（长二百尺，宽一寸五分，厚四分），取直径为一寸三分的竹；

全部青篾迭四造，有十九条；

都用青白篾来制作，有十三条。

障日篛，每三片，分别长一丈，宽二尺；取二十一条直径为一寸三分的竹（劈篾包含在内）；芦蕟，八领（压缝包含在内。要是织竹席，则不用压缝）。

每方长一丈：

打竹笆，把直径为一寸三分的竹定为标准，需要用三十条竹来制作（其中十二条作经，十八条作纬，钩头、搀压包含在内。其竹材的选用，要是瓪瓦结宽，六椽以上，则用上等的竹材；要是四椽以及瓪瓦六椽以上，则用中等的竹材；要是瓪瓦两椽，瓪瓦四椽以下，则用下等的竹材。要是缺乏此等级的竹材，就用其它等级的竹材比照原等级的竹材来折合抵数）；

编道，把直径为一寸五分的竹定为标准，需要用二十三条竹来制作（榥和竹钉包含在内。如果缺乏需要的竹材，就用别的竹材来抵数。如果照壁中出现缝隙以及其高度不足五尺，或者栱壁、山斜、泥道，比照标准尺寸的竹材用次竿或者头竹、次头竹来折合抵数）。

竹栅栏，用一百八十三条直径为八分的竹来制作（其中四十条作经、一百四十三条作纬来编造。要是其高度不足一丈，就比照之前尺寸的竹材用大管竹或者小管竹来折合抵数）。

夹截：

中箔，五领（搀压包含在内）；

取十条直径为一寸二分的竹（劈篾包含在内）。

搭盖凉棚，每方长一丈二尺：

中箔，三领半；

取四十八条直径为一寸三分的竹（其中三十二条作椽，四条用来走水，四条用来裹唇，三条用来压缝，五条用来劈篾：用青白篾来做）；

芦蓚，九领（要是用竹来打笆，则此法不适用）。

瓦 作

用纯石灰：谓矿灰，下同。

结瓷，每一口：

瓪瓦，一尺二寸，二斤。即烧灰结瓷用五分之一。每增减一等，各加减八两；至一尺以下，各减所减之半。下至垒脊条子瓦同。其一尺二寸瓪瓦，准一尺瓪瓦法。

仰瓪瓦，一尺四寸，三斤。每增减一等，各加减一斤。

点节瓪瓦，一尺二寸，一两。每增减一等，各加减四钱。

垒脊；以一尺四寸瓪瓦结宽为率。

大当沟，以甋瓦一口造。每二枚，七斤八两。每增减一等，各加减四分之一。线道同。

线道，以甋瓦一口造二片。每一尺，两壁共二斤。

条子瓦，甋瓦一口造四片。每一尺，两壁共一斤。每增减一等，各加减五分之一。

泥脊白道，每长一丈，一斤四两。

用墨煤染脊，每层，长一丈，四钱。

用泥垒脊，九层为率，每长一丈：

麦麸，一十八斤；每增减二层，各加减四斤。

紫土，八檐，每一担重六十斤；余应用土并同；每增减二层，各加减一担。

小当沟，每瓪瓦一口造，二枚。仍取条子瓦二片。

燕颔或牙子版，每合角处，用铁叶一段。殿宇，长一尺，广六寸，余长六寸，广四寸。

结宽，以瓪瓦长，每口搀压四分，收长六分。其解挢剪截，不得过三分。合溜处尖斜瓦者，并计整口。

布瓦陇，每一行，依下项：

甋瓦：以仰瓪瓦为计。

长一尺六寸，每一尺；

长一尺四寸，每八寸；

长一尺二寸，每七寸；

长一尺，每五寸八分；

长八寸，每五寸；

长六寸，每四寸八分。

瓪瓦：

长一尺四寸，每九寸；

长一尺二寸，每七寸五分。

结瓷，每方一丈：

中箔，每重，二领半。压占在内。殿宇楼阁，五间以上，用五重；三间，四重；厅堂，三重；余并二重。

土，四十担。系甋、瓪结瓷；以一尺四寸瓪瓦为率；下蒴、麸同。每增一等，加一十担；每减一等，减五担；其散瓪瓦，各减半。

麦麸，二十斤。每增一等，加一斤；每减一等，减八两；散瓪瓦，各减半。如纯灰结瓷，不用；其麦蒴同。

麦蒴，一十斤。每增一等，加八两；每减一等，减四两；散瓪瓦，不用。

泥篮，二枚。散瓪瓦，一枚。用径一寸三分竹一条，织造二枚。

系箔常使麻，一钱五分。

抹柴栈或版、笆、箔，每方一丈：如纯灰于版并笆、箔上结瓷者，不用。

土，二十担；

麦蒴，一十斤。

安卓：

鸱尾，每一只：以高三尺为率，龙尾同。

铁脚子，四枚，各长五寸；每高增一尺，长加一寸。

铁束，一枚，长八寸；每高增一尺，长加二寸。其束子大头广二寸，小头广一寸二分为定法。

抢铁，三十二片，长视身三分之一；每高增一尺，加八片；大头广二寸，小头广一寸为定法。

拒鹊子，二十四枚，上作五叉子，每高增一尺，加三枚。各长五寸。每高增一尺，加六分。

安拒鹊等石灰，八斤；坐鸱尾及龙尾同；每增减一尺，各加减一斤。

墨煤，四两；龙尾，三两；每增减一尺，各加减一两三钱；龙尾，加减一两；其琉璃者，不用。

鞠，六道，各长一尺；曲在内；为定法；龙尾同；每增一尺，添八道；龙尾，添六道；其高不及三尺者，不用。

柏桩，二条，龙尾同；高不及三尺者，减一条；长视高，径三寸五分。三尺以下，径三寸。

龙尾：

铁索，二条；两头各带独脚屈膝；共高不及三尺者，不用。

一条长视高一倍，外加三尺；

一条长四尺。每增一尺，加五寸。

火珠，每一坐：以径二尺为准。

柏桩，一条，长八尺；每增减一等，各加减六寸，其径以三寸五分为定法。

石灰，一十五斤；每增减一等，各加减二斤。

墨煤，三两；每增减一等，各加减五钱。

兽头，每一只：

铁钩，一条；高二尺五寸以上，钩长五尺；高一尺八寸至二尺，钩长三尺；高一尺四寸至一尺六寸，钩长二尺五寸；高一尺二寸以下，钩长二尺。

系腮铁索，一条，长七尺。两头各带直脚屈膝；高一尺八寸以下，并不用。

滴当子，每一枚：以高五寸为率。

石灰，五两。每增减一等，各加减一两。

嫔伽，每一只：以高一尺四寸为率。

石灰，三斤八两。每增减一等，各加减八两；至一尺以下，减四两。

蹲兽，每一只：以高六寸为率。

石灰，二斤。每增减一等，各加减八两。

石灰，每三十斤，用麻捣一斤。

出光琉璃瓦，每方一丈，用常使麻，八两。

【译文】用纯石灰（纯石灰也称做矿灰，以下均相同）：

结宽，每一口：

瓪瓦，一尺二寸，需要二斤纯石灰（也就是烧灰结宽要用五分之一。每增减一等，则分别增加或是减少八两；到一尺以下，则分别减去它所减去的一半。下到垒脊条子瓦与此相同。一尺二寸的瓪瓦，以一尺瓪瓦法为准）。

仰瓪瓦，一尺四寸，需要三斤纯石灰（每增减一等，则分别增加或是减少一斤）。

点节瓪瓦，一尺二寸，需要一两纯石灰（每增减一等，则分别增加或是减少四钱）。

垒脊（把一尺四寸的瓪瓦结宽定为标准）；

大当沟（使用一口瓪瓦来制造），每二枚，需要七斤八两纯石灰（每增减一等，则分别增加或是减少四分之一。制作线道所需石灰量的计算与此相同）。

线道（用一口瓪瓦来做出二片），每一尺，两壁一共需要二斤纯石灰。

条子瓦（用一口瓪瓦来做出四片），每一尺，两壁一共需要一斤纯石灰（每增减一等，则分别增加或是减少五分之一）。

泥脊白道，每长一丈，需要一斤四两纯石灰。

用墨煤来染脊，每层，长一丈，需要四钱纯石灰。

用泥垒脊，把九层定为标准，每长一丈：

麦䴬，需要十八斤纯石灰（每增减二层，则分别增加或是减少四斤）；

紫土，需要八担纯石灰（每一担重六十斤；其他的用土应该与此相同；每增减二层，则分别增加或是减少一担）；

小当沟，每瓪瓦一口建造，制成二枚（仍取二片条子瓦）。

燕颔或牙子版，每一个合角的地方，用铁叶一段（殿宇用到的铁叶，长一尺，宽六寸，其余长六寸，宽四寸）。

结宽，依据瓪瓦的长度，每口搀压四分，收边的长度为六分（其解挢剪截，不可以超过三分）。合溜的地方有尖斜瓦的情况，并要计算整口。

布列陇，每一行，依照以下规定：

瓪瓦：根据仰瓪瓦的尺寸来计算。

长一尺六寸，每一尺；

长一尺四寸，每八寸；

长一尺二寸，每七寸；

长一尺，每五寸八分；

长八寸，每五寸；

长六寸，每四寸八分。

瓪瓦：

长一尺四寸，每九寸；

长一尺二寸，每七寸五分。

结宽，每面一丈：

中箔，每一层，用二领半（包括压占所使用的。五间以上的殿宇楼阁，用五层；三间的殿宇楼阁，用四层；厅堂，用三层；剩下的都用两层）。

土，需要准备四十担（系甋、瓪结宼；把一尺四寸的瓪瓦定为标准；以下的麲、麸与此相同。每增加一等，就增加十担的土；每降低一等，就减少五担的土；散瓪瓦，使用量分别减半）。

麦麸，需要准备二十斤土（每增加一等，就增加一斤土；每降低一等，就减少八两土；散瓪瓦，使用量分别减半。要是用纯石灰来结宼，则不使用土；其麦麲与此相同）。

麦麲，需要准备十斤土（每增加一等，就增加八两土；每降低一等，就减少四两土；散瓪瓦，则不用增减土的使用量）。

泥篮，需要二枚（散瓪瓦，需要一枚。用一条直径为一寸三分的竹，来编造出二枚）。**系箔常使麻，需要使用一钱五分。**

抹柴栈或版、笆、箔，每面一丈（要是纯石灰用在版和笆、箔上结宼，则不使用土）：

土，准备二十担；

麦麲，准备十斤。

安装：

鸱尾，每一只（把高三尺定为标准，龙尾与此相同）：

四枚铁脚子，分别长五寸（每增高一尺，长则增加一寸）；

一枚铁束，长八寸（每增高一尺，长则增加二寸。其束子大头宽二寸、小头宽一寸二分，为定法）；

三十二片抢铁，其长应视身的三分之一（每增高一尺，就增加八片抢铁；大头宽二寸、小头宽一寸，为定法）；

二十四枚拒鹊子（其上作五叉子，每增高一尺，就增加三枚拒鹊子），**分别长五寸**（每增高一尺，就增加六分）。

安装拒鹊等所用到的纯石灰，需要八斤（放鸱尾及龙尾的与此相同；每增加或是减少一尺，就分别增加或是减少一斤）；

墨煤，需要四两（龙尾，需要三两；每增加或是减少一尺，就分别增加或是减少一两三钱；龙尾，就增加或是减少一两；其用琉璃的，则不使用墨煤）；

六道鞠，每道长一尺（曲包含在内；为定法；龙尾与此相同；每增加一尺，就增加八道鞠；龙尾，就增加六道鞠；它的高度不到三尺的，不使用这一条）；

二条柏桩（龙尾与此相同；它的高度不到三尺的，就减少一条），**它的长度依据其高度来确定，直径为三寸五分**（高三尺以下的，直径为三寸）。

龙尾：

二条铁索（两头各带独脚屈膝；一共的高度不到三尺的，无需带）；

一条的长度根据其高度的一倍，另外增加三尺；

一条长四尺（每增一尺，就增加五寸）。

火珠，每一座（把直径为二尺定为标准）：

一条长八尺的柏桩（每增减一等，则分别增加或是减少六寸，其直径以三寸五分为定法）；

十五斤石灰（每增减一等，则分别增加或是减少二斤）；

三两墨煤（每增减一等，则分别增加或是减少五钱）；

兽头，每一只：

需要一条铁钩（高度在二尺五寸以上的，钩长为五尺；高度在一尺八寸到二尺的，钩长为三尺；高度在一尺四寸到一尺六寸的，钩长为二尺五寸；高度在一尺二寸以下的，钩长为二尺）；

需要一条长七尺的系腮铁索（两头各带直脚屈膝；高度在一尺八寸以下的，无需用这一条）。

滴当子，每一枚（把高五寸定为标准）。

石灰，需要五两（每增减一等，则分别增加或是减少一两）。

嫔伽，每一只（把高一尺四寸定为标准）：

石灰，需要三斤八两（每增减一等，则分别增加或是减少八两；到一尺以下的，则减少四两）。

蹲兽，每一只（把高六寸定为标准）：

石灰，需要二斤（每增减一等，则分别增加或是减少八两）。

石灰，每三十斤，需用一斤麻捣。

出光琉璃瓦，每面一丈，需用八两常使麻。

卷第二十七

诸作料例二

泥 作

每方一丈：

红石灰：干厚一分三厘；下至破灰同。

石灰，三十斤；非殿阁等，加四斤；若用矿灰，减五分之一；下同。

赤土，二十三斤；

土朱，一十斤。非殿阁等，减四斤。

黄石灰：

石灰，四十七斤四两；

黄土，一十五斤十二两。

青石灰：

石灰，三十二斤四两；

软石炭，三十二斤四两。如无软石炭，即倍石灰之数；每石灰一十斤，用粗墨一斤或墨煤十一两。

白石灰：

石灰，六十三斤。

破灰：

石灰，二十斤；

白蔑土，一担半；

麦麸，一十八斤。

细泥：

麦麸，一十五斤；作灰衬，同；其施之于城壁者，倍用；下麦䴹准此。

土，三担。

粗泥：中泥同；

麦䴹，八斤；搭络及中泥作衬，各减半。

土，七担。

沙泥画壁：

沙土、胶土、白蔑土，各半担。

麻捣，九斤：栱眼壁同；每斤洗净者，收一十二两。

粗麻，一斤；

径一寸三分竹，三条。

垒石山：

石灰，四十五斤；

粗墨，三斤。

泥假山：

长一尺二寸，广六寸，厚二寸砖，三十口；

柴，五十斤；曲堰者；

径一寸七分竹，一条；

常使麻皮，二斤；

中箔，一领；

石灰，九十斤；

粗墨，九斤；

麦麸，四十斤；

麦𪍿，二十斤；

胶土，一十担。

壁隐假山：

石灰，三十斤；

粗墨，三斤。

盆山，每方五尺：

石灰，三十斤；每增减一尺，各加减六斤。

粗墨，二斤。

每坐

立灶：用石灰或泥，并依泥饰料例约计；下至茶炉子准此。

突，每高一丈二尺，方六寸，坯四十口。方加至一尺二寸，倍用。其坯系长一尺二寸，广六寸，厚二寸；下应用砖、坯，并同。

垒灶身，每一斗，坯八十口。每增一斗，加一十口。

釜灶：以一石为率。

突，依立灶法。每增一石，腔口直径加一寸；至十石止。

垒腔口坑子罨烟，砖五十口。每增一石，加一十口。

坐甑：

生铁灶门；依大小用；镬灶同。

生铁版，二片，各长一尺七寸，每增一石，加一寸。广二寸，厚五分。

坯，四十八口。每增一石，加四口。

矿石灰，七斤。每增一口，加一斤。

镬灶：以口径三尺为准。

突，依釜灶法。斜高二尺五寸，曲长一丈七尺，驼势在内。自方一尺五寸，并二垒砌为定法。

砖，一百口。每径加一尺，加三十口。

生铁片，二片，各长二尺，每径长加一尺，加三寸。广二寸五分，厚八分。

生铁柱子，一条，长二尺五寸，径三寸。仰合莲造；若径不满五尺不用。

茶炉子：以高一尺五寸为率。

燎杖，用生铁或熟铁造。八条，各长八寸，方三分。

坯，二十口。每加一寸，加一口。

垒坯墙：

用坯每一千口，径一寸三分竹，三条。造泥篮在内。

暗柱每一条，长一丈一尺，径一尺二寸为准，墙头在外。中箔，一领。

石灰，每一十五斤，用麻捣一斤。若用矿灰，加八两；其和红、黄、青灰，即以所用土朱之类斤数在石灰之内。

泥篮，每六椽屋一间，三枚。以径一寸三分竹一条织造。

【译文】每面一丈：

红石灰（干后其厚度为一分三厘；以下到破灰都与此相同）：

需三十斤石灰（假如不是殿阁等建筑，则加四斤石灰；要是用矿灰，就减去五分之一；以下与此相同）；

需二十三斤赤土；

需十斤土朱（假如不是殿阁等建筑，则减去四斤土朱）。

黄石灰：

需四十七斤四两石灰；

需十五斤十二两黄土。

青石灰：

需三十二斤四两石灰；

需三十二斤四两软石炭（要是没有软石炭，则加倍石灰的数量；每十斤石灰，需要用一斤粗墨或者十一两墨煤）。

白石灰：

需六十三斤石灰。

破灰：

需二十斤石灰；

一担半白蔑土；

十八斤麦麸。

细泥：

需十五斤麦麸（作灰衬与此相同；要是用于涂刷城壁，则需加倍使用；以下的麦䴷依据此标准）；

需三担土。

粗泥：中泥与此相同；

需麦䴷八斤（搭络及中泥作衬，分别减去一半）；

需七担土。

用沙泥做画壁：

分别需要半担沙土、胶土、白蔑土。

需要九斤麻捣（用于栱眼壁的与此相同；每斤洗净后，可收十二两）：

需要一斤粗麻；

需要三条直径为一寸三分的竹。

垒砌石山：

需四十五斤石灰；

需三斤粗墨。

用泥垒砌假山：

需三十口长一尺二寸、宽六寸、厚二寸的砖；

需五十斤柴；曲堰者；

需一条直径为一寸七分的竹；

需二斤常使麻皮；

需一领中箔；

需九十斤石灰；

需九斤粗墨；

需四十斤麦麸；

需二十斤麦䴬；

需十担胶土。

垒砌壁隐假山：

需三十斤石灰；

需三斤粗墨。

盆山，每方长五尺：

需三十斤石灰（每增减一尺，则分别增加或是减少六斤）；

需粗墨二斤。

每座

立灶（用石灰或者泥，并且依泥饰料例的惯例粗略计算；以下到茶炉子都以此为标准）：

烟囱，每高一丈二尺，方长六寸，做四十口坯（要是方长增加到一尺二寸，则需加倍使用。其坯长一尺二寸，宽六寸，厚二分；以下应用砖、坯的情况，与此相同)。

垒砌灶身,每一斗,做八十口坯(每增加一斗,则增加十口)。

釜灶(把一石定为标准):

烟囱,按照立灶的规定(每增加一石,腔口直径就增加一寸;一直到十石为止)。

垒砌腔口坑子罨烟,需要五十口砖(每增加一石,则增加十口)。

放甑子的座台:

生铁灶门(根据大小尺寸使用;镬灶与此相同);

需二片生铁版,分别长一尺七寸(每增加一石,则增加一寸),宽二寸,厚五分。需做四十八口坯(每增加一石,则增加四口)。

需七斤矿石灰(每增加一石,则增加一斤)。

镬灶(把口径为三尺定为标准):

烟囱,按照釜灶的规定(斜高二尺五寸,曲长一丈七尺,包括驼势在内。自方长一尺五寸,并以二垒砌作为规定)。

需一百口砖(直径每增加一尺,则增加三十口砖)。

需二片生铁片,分别长二尺(每径长加一尺,则增加三寸),宽二寸五分,厚八分。

需一条长二尺五寸、直径为三寸的生铁柱子(做成仰合莲的样式;要是径长不满五尺就不使用这条)。

茶炉子(把高一尺五寸定为标准):

燎杖(用生铁或者熟铁炼制),需要八条,分别长八寸,方为三分。

坯,需要二十口(每增加一寸,则增加一口坯)。

垒坯墙:

每用坯一千口,就用三条直径为一寸三分的竹(造泥篮包含在内)。

每一条暗柱(把长一丈一尺、径为一尺二寸定为标准,不包括墙头),需一领中箔。

每十五斤石灰,需用一斤麻捣(要是用矿灰,则增加八两。与红、黄、青灰搅拌，就以所用土朱等的斤数和在石灰里面）。

泥篮，每六椽屋一间，需做三枚（用一条直径为一寸三分的竹来编织）。

彩画作

应刷染木植，每面方一尺，各使下项：栱眼壁各减五分之一；雕木版加五分之一；即描华之类，准折计之。

定粉，五钱三分；

墨煤，二钱二分八厘五毫；

土朱，一钱七分四厘四毫；殿宇、楼阁，加三分；廊屋、散舍，减二分。

白土，八钱；石灰同。

土黄，二钱六分六厘；殿宇、楼阁，加二分。

黄丹，四钱四分；殿宇、楼阁，加二分；廊屋、散舍，减一分。

雌黄，六钱四分；合雌黄、红粉，同。

合青华，四钱四分四厘；合绿华同。

合深青，四钱；合深绿及常使朱红、心子朱红、紫檀并同。

合朱，五钱；生青、绿华、深朱、红，同。

生大青，七钱；生大青、浮淘青、梓州熟大青、绿、二青绿，并同。

生二绿，六钱；生二青同。

常使紫粉，五钱四分；

藤黄，三钱；

槐华，二钱六分；

中绵胭脂，四片；若合色，以苏木五钱二分，白矾一钱三分煎合充。

描画细墨，一分；

熟桐油，一钱六分。若在暗处不见风日者，加十分之一。

应合和颜色，每斤，各使下项：

合色：

绿华：青华减定粉一两，仍不用槐华、白矾。

定粉，一十三两；

青黛，三两；

槐华，一两；

白矾，一钱。

朱：

黄丹，一十两；

常使紫粉，六两。

绿：

雌黄，八两；

淀，八两。

红粉：

心子朱红，四两；

定粉，一十二两。

紫檀：

常使紫粉，一十五两五钱；

细墨，五钱。

草色：

绿华：青华减槐华、白矾。

淀，一十二两；

定粉，四两；

槐华，一两；

白矾，一钱。

深绿：深青即减槐华、白矾。

淀，一斤；

槐华，一两；

白矾，一钱。

绿：

淀，一十四两；

石灰，二两；

槐华，二两；

白矾，二钱。

红粉：

黄丹，八两；

定粉，八两。

衬金粉：

定粉，一斤；

土朱，八钱。颗块者。

应使金箔，每面方一尺，使衬粉四两，颗块土朱一钱。每粉三十斤，仍用生白绢一尺，滤粉。木炭一十斤，熁[①]粉。绵半两。描金。

应煎合桐油，每一斤：

松脂、定粉、黄丹，各四钱；

木劄，二斤。

应使桐油，每一斤，用乱丝四钱。

【注释】①熁（xié）：烤。

【译文】应该刷染木植油，每面方一尺，各种原料的使用按照以下规定（拱烟壁的刷染分别需减去五分之一；雕木板的刷染需增加五分之一；即描花等，依据此标准折合计算）：

需五钱三分定粉；

需二钱二分八厘五毫墨煤；

需一钱七分四厘四毫土朱（用在殿宇、楼阁的，另加三分；用在廊屋、散舍的，另减二分）

需八钱白土（石灰与此相同）；

需二钱六分六厘土黄（用在殿宇、楼阁的，另加二分）；

需四钱四分黄丹（用在殿宇、楼阁的，另加二分；用在廊屋、散舍的，另减一分）；

需六钱四分雌黄（合雌黄、红粉，与此相同）；

需四钱四分四厘合青华（合绿华与此相同）；

需四钱合深青（合深绿和常使朱红、心子朱红、紫檀都与此相同）；

需五钱合朱（生青、绿华、深朱、红，与之相同）；

需七钱生大青（生大青、浮淘青、梓州熟大青、绿、二青绿，都与之相同）；

需六钱生二绿（生二青与此相同）；

需五钱四分常使紫粉；

需三钱藤黄；

需二钱六分槐花；

需四片中绵胭脂（要是合色，以五钱二分苏木、一钱三分白矾煎合充任）；

需一分描画细墨；

需一钱六分熟桐油（要是用在暗处见不到风日之处，另加十分之一）；

应该混合几种颜色，每斤作为单位，各种原料的调配按照以下规定：

混合色：

绿花（绘制青花需减去一两定粉，仍不用槐花、白矾）：

需十三两定粉；

需三两青黛；

需一两槐花；

需一钱白矾。

朱色：

需十两黄丹；

需六两常使紫粉。

绿色：

需八两雌黄；

需八两淀。

红粉：

需四两心子朱红；

需十二两定粉。

紫檀：

需十五两五钱常使紫粉；

需五钱细墨。

草色：

绿花（调制青花需减去槐花、白矾）：

需十二两淀；

需四两定粉；

需一两槐花；

需一钱白矾。

深绿(调制深青需减去槐花、白矾):

需一斤淀;

需一两槐花;

需一钱白矾。

绿色:

需十四两淀;

需二两石灰;

需二两槐花;

需二钱白矾。

红粉:

需八两黄丹;

需八两定粉。

衬金粉:

需一斤定粉;

需八钱土朱(使用颗粒块状的)。

应使金箔,每面方一尺,用四两衬粉、一钱颗粒块状的土朱。每三十斤粉,仍用一尺生白绢(滤粉),需要十斤木炭(烤粉),半两绵(描金)。

应煎合桐油,每一斤:

分别需要四钱松脂、定粉、黄丹;

需要二斤木劄。

应使桐油,每一斤,需要用四钱乱丝。

砖 作

应铺垒、安砌，皆随高、广，指定合用砖等第，以积尺计之。若阶基、慢道之类，并二或并三砌，应用尺三条砖，细垒者，外壁斫磨砖每一十行，里壁粗砖八行填后。其隔减、砖甋，及楼阁高写，或行数不及者，并依此增减计定。

应卷輂河渠，并随圜用砖；每广二寸，计一口；覆背卷准此。其缴背，每广六寸，用一口。

应安砌所需矿灰，以方一尺五寸砖，用一十三两。每增减一寸，各加减三两。其条砖，减方砖之半；压阑，于二尺方砖之数，减十分之四。

应以墨煤刷砖甋、基阶之类，每方一百尺，用八两。

应以灰刷砖墙之类，每方一百尺，用一十五斤。

应以墨煤刷砖甋、基阶之类，每方一百尺，并灰刷砖墙之类，计灰一百五十斤，各用苕帚一枚。

应甃垒并所用盘版，长随径，每片广八寸，厚二寸。每一片：

常使麻皮，一斤；

芦蓤，一领；

径一寸五分竹，二条。

【译文】砖作中的铺垒、安砌，全部根据高度、宽度，指定适合其使用的砖的等级，并以面积或者体积来计算所需砖的数量。要是用在阶基、慢道等地方，就采用二或三个并列的砌法，应用尺度为三条砖，用细垒的方法，外壁用斫磨砖，每壁垒十行，里壁用八行粗砖在后面填充（其隔减、砖甋，及楼阁高写，行数或许不够，都按照此标准来确定增减计算）。

关于卷輂河渠，都随圜来用砖；每宽二寸，计一口；覆背的卷曲处也以此为标准。其缴背处的用砖，每宽六寸，需用一口。

关于安砌所用的矿灰，以方长为一尺五寸砖为单位，需用十三两矿灰（每增减一寸，则分别增加或是减少三两矿灰。要是条砖的话，则减去方砖数量的一半；要是砌压阑，在二尺方砖的数量上，减去十分之四）。

关于用墨煤刷砖甋、基阶等，每方一百尺，需用八两矿灰。

关于用灰刷砖墙等，每方一百尺，需用十五斤矿灰。

关于用墨煤刷砖甋、基阶等，每方一百尺，灰刷砖墙也包括在内，大约需用一百五十斤矿灰，分别用一枚苕帚。

关于甃垒和所用盘版，长度根据直径来定（每片宽八寸，厚二寸），每一片：

需一斤常使麻皮；

需一领芦蓌；

需二条直径为一寸五分的竹。

窑 作

烧造用芟草：

砖，每一十口：

方砖：

方二尺，八束。每束重二十斤，余芟草称束者，并同。每减一寸，减六分。

方一尺二寸，二束六分。盘龙、凤、华并砖碇同。

条砖：

长一尺三寸，一束九分。牛头砖同；其趄面即减十分之一。

长一尺二寸，九分。走趄并趄条砖，同。

压阑砖：长二尺一寸，八束。

瓦：

素白，每一百口：

瓪瓦：

长一尺四寸，六束七分。每减二寸，减一束四分。

长六寸，一束八分。每减二寸，减七分。

瓪瓦：

长一尺六寸，八束。每减二寸，减二束。

长一尺，三束。每减二寸，减五分。

青掍瓦：以素白所用数加一倍。

诸事件，谓鸱、兽、嫔伽、火珠之类；本作内余称事件者准此。每一功，一束。其龙尾所用茭草，同鸱尾。

琉璃瓦并事件，并随药料，每窑计之。谓曝窑。大料，分三窑折大料同。一百束，折大料八十五束，中料，分二窑，小料同。一百一十束，小料一百束。

掍造鸱尾，龙尾同。每一只，以高一尺为率，用麻捣，二斤八两。

青掍瓦：

滑石掍：

坯数：

大料，以长一尺四寸瓪瓦，一尺六寸瓪瓦，各六百口。华头重唇在内；下同。

中料，以长一尺二寸瓪瓦，一尺四寸瓪瓦，各八百口。

小料，以瓪瓦一千四百口，长一尺，一千三百口，六寸并四寸，各五千口。瓪瓦一千三百口。长一尺二寸，一千二百口，八寸并六寸，各五千口。

柴药数：

大料：滑石末，三百两；羊粪，三箑；中料，减三分之一，小料，减半。浓油，一十二斤；柏柴，一百二十斤；松柴，麻䅟，各四十斤。中料，减四分之一；小料，减半。

茶土掍：长一尺四寸瓪瓦，一尺六寸瓪瓦，每一口，一两。每减二寸，减五分。

造琉璃瓦并事件：

药料：每一大料；用黄丹二百四十三斤。折大料，二百二十五斤；中料，二百二十二斤；小料，二百九斤四两。每黄丹三斤，用铜末三两，洛河石末一斤。

用药，每一口：鸱、兽、事件及条子、线道之类，以用药处通计尺寸折大料。

大料，长一尺四寸瓪瓦，七两二钱三分六厘。长一尺六寸瓪瓦减五分。

中料，长一尺二寸瓪瓦，六两六钱一分六毫六丝六忽。长一尺四寸瓪瓦，减五分。

小料，长一尺瓪瓦，六两一钱二分四厘三毫三丝二忽。长一尺二寸瓪瓦，减五分。

药料所用黄丹阙，用黑锡炒造。其锡，以黄丹十分加一分，即所加之数，斤以下不计。每黑锡一斤，用蜜驼僧[①]二分九厘，硫黄八分八厘，盆硝二钱五分八厘，柴二斤一十一两，炒成收黄丹十分之数。

【注释】①密驼僧：矿物名。其成分为氧化铅。黄色或红褐色粉末。可入药。外用有杀虫、消积、消肿毒等功效；内服能镇心治惊。也用来制造蓄电池、颜料等。

【译文】烧造使用的茭草：

砖，每十口：

方砖：

方二尺的，需用八束茭草（每束茭草重二十斤，其余的茭草称束的，都与此相同。每减一寸，则减六分茭草）。

方一尺二寸的，需用二束六分茭草（盘龙、凤、花和砖碇与此相同）。

条砖：

长一尺三寸的，需用一束九分茭草（牛头砖与此相同；其趄面需减去十分之一）。

长一尺二寸的，需用九分茭草（走趄和趄条砖，都与此相同）。

压阑砖：长二尺一寸的，需用八束茭草。

瓦：

素白，每一百口：

甋瓦：

长一尺四寸的，需用六束七分茭草（长度每减少二寸，需减少一束四分茭草）。

长六寸的，需用一束八分茭草（长度每减少二寸，需减少七分茭草）。

瓪瓦：

长一尺六寸的，需用八束茭草（长度每减二寸，需减少两束茭草）。

长一尺的，需用三束茭草（长度每减二寸，需减少五分茭草）。

青棍瓦：根据素白瓦所用的数量来增加一倍。

各个构件（比如鸱、兽、嫔伽、火珠等；本工序内其余提到的构件都以此为标准），每一功，需用一束茭草（其龙尾所用茭草的需求量，与鸱尾相同）。

琉璃瓦和其构件，全部根据药料，以每窑为单位来计算（这里指的是曝窑）。大料（分为三窑，大料与此相同），一百束，折大料八十五束，中料（分为二窑，小料与此相同），一百一十束，折小料一百束。

棍造鸱尾（龙尾与此相同），每一只，把高一尺定为标准，需用二斤八两麻捣。

青棍瓦：

滑石棍：

坯数：

大料，长一尺四寸的瓪瓦，长一尺六寸的瓪瓦，分别需要六百口（华头重唇包含在内。以下与之相同）。

中料，长一尺二寸的瓪瓦，长一尺四寸的瓪瓦，分别需要八百口。

小料，需一千四百口瓪瓦（长一尺的，需一千三百口，六寸和四寸的，分别需要五千口），一千三百口瓪瓦（长一尺二寸的，需一千二百口，八寸和六寸的，分别需要五千口）。

所需柴药的数量：

大料：需三百两滑石末；需三篓羊粪（中料，则减去三分之一；小料，则减去一半）；需十二斤浓油；需一百二十斤柏柴；分别需要四十斤松柴和麻籸（中料，则减去四分之一；小料，则减去一半）。

茶土棍：长一尺四寸的瓪瓦，长一尺六寸的瓪瓦，每一口，需用一两（每减二寸，则减五分）。

烧制琉璃瓦及其构件：

药料：每一大料，需用二百四十三斤黄丹（折大料，二百二十五斤；中料，二百二十二斤；小料，二百九斤四两）。每三斤黄丹，需用三两铜末、一斤洛河石末。

用药，每一口（鸱、兽等构件及条子、线道等，根据用药处通计尺寸来折算大料）：

大料，长一尺四寸的甋瓦，需用七两二钱三分六厘（长一尺六寸的瓪瓦，则减去五分）。

中料，长一尺二寸的甋瓦，需用六两六钱一分六毫六丝六忽（长一尺四寸的瓪瓦，则减去五分）。

小料，长一尺的甋瓦，需用六两一钱二分四厘三毫三丝二忽（长一尺二寸的瓪瓦，则减去五分）。

药料所用的黄丹阙，需用黑锡来炒制。黑锡，需用黄丹十分加一分（所加之数，斤以下的无需计量），每用一斤黑锡，需用二分九厘密驼僧、八分八厘硫黄、二钱五分八厘盆硝、二斤一十一两柴，炒成之后加进十分黄丹就可以了。

卷第二十八

诸作用钉料例

用钉料例

大木作:

椽钉,长加椽径五分。有余者从整寸,谓如五寸椽用七寸钉之类;下同。

角梁钉,长加材厚一倍。柱礩同。

飞子钉,长随材厚。

大、小连檐钉,长随飞子之厚。如不用飞子者,长减椽径之半。

白版钉,长加版厚一倍。平暗遮椽版同。

搏风版钉,长加版厚两倍。

横抹版钉,长加版厚五分。隔减并襻同。

小木作:

凡用钉,并随版木之厚。如厚三寸以上,或用签钉者,其长加厚七分。若厚二寸以下者,长加厚一倍;或缝内用两入钉[①]者,加至二寸止。

雕木作:

凡用钉，并随版木之厚。如厚二寸以上者，长加厚五分，至五寸止。若厚一寸五分以下者，长加厚一倍；或缝内用两入钉者，加至五寸止。

竹作：

压笆钉，长四寸。

雀眼网钉，长二寸。

瓦作：

甋瓦上滴当子钉，如高八寸者，钉长一尺；若高六寸者，钉长八寸；高一尺二寸及一尺四寸嫔伽，并长一尺二寸，甋瓦同。或高三寸及四寸者，钉长六寸。高一尺嫔伽并六寸华头甋瓦同，并用本作葱台长钉。

套兽长一尺者，钉长四寸；如长六寸以上者，钉长三寸；月版及钉箔同。若长四寸以上者，钉长二寸。燕颔版牙子同。

泥作：

沙壁内麻华钉，长五寸。造泥假山钉同。

砖作：

井盘版钉，长三寸。

【注释】①两入钉：即两头尖的钉子。

【译文】大木作：

椽钉，其长度是在椽的直径基础上再加五分（要是有多余的就取整寸，比如五寸的椽用的是七寸的钉等；以下与此相同）。

角梁钉，其长度是在材的厚度基础上再加一倍（柱礩与此相同）。

飞子钉，其长度根据材的厚度决定。

大、小连檐钉，其长度根据飞子的厚度决定（要是不用飞子，那么其长度就减去椽直径的一半）。

白版钉，其长度是在板的厚度基础上再加一倍（平暗遮椽版与此相同）。

搏风版钉，其长度是在板的厚度基础上再加两倍。

横抹版钉，其长度是在板的厚度基础上再加五分（隔减与襻与此相同）。

小木作：

但凡是使用钉的，都是根据板木的厚度来决定。假如板木厚度在三寸以上，或者是使用签钉的，那么钉的长度就在板木厚度的基础上再加七分（假如板木厚度在二寸以下，那么钉的长度就在板木厚度的基础上再加一倍；有时缝内要使用两入钉的，长度增加到二寸为止）。

雕木作：

但凡是使用钉的，都是根据板木的厚度来决定。假如板木的厚度在二寸以上的，那么钉的长度就在板木厚度的基础上再加五分，加到五寸为止（假如板木厚度在一寸五分以下的，那么钉的长度就在板木厚度的基础上再加一倍；有时缝内要使用两入钉的，长度增加到五寸为止）。

竹作：

压笆钉，长四寸。

雀眼网钉，长二寸。

瓦作：

甋瓦上滴当子钉，要是高八寸的，钉子的长度就为一尺；要是高六寸的，钉子的长度就为八寸（要是嫔伽高一尺二寸到一尺四寸，那么钉子的长度就为一尺二寸，甋瓦与此相同）；要是高三寸到四寸的，钉子的长度就为六寸（高一尺的嫔伽和六寸的华头甋瓦与此相同，都用的是本作业中的葱台长钉）。

套兽长一尺的，钉子的长度为四寸；要是长六寸以上的，钉子的长度就为三寸（月版和钉箔与此相同）；要是长四寸以上的，钉子的长度就为二寸（燕颔版牙子的用钉情况与此相同）。

泥作：

沙壁内麻华的钉，长五寸（筑造假山的用钉情况与此相同）。

砖作：

井盘版钉，长三寸。

用钉数

大木作：

连檐，随飞子椽头，每一条；营房隔间同。

大角梁，每一条；续角梁，二枚；子角梁，三枚。

托槫，每一条；

生头，每长一尺；搏风版同。

搏风版，每长一尺五寸；

横抹，每长二尺；

右各一枚。

飞子，每一枚；襻槫同。

遮椽版，每长三尺，双使；难子，每长五寸，一枚。

白版，每方一尺；

槫、枓，每一只；

隔减，每一出入角；襻，每条同。

右各二枚。

椽，每一条；上架三枚，下架一枚。

平暗版，每一片；

柱礩，每一只；

右各四枚。

小木作：

门道立、卧株，每一条；平棊华、露篱、帐、经藏猴面等榥之类同；帐上透栓、卧榥，隔缝用；井亭大连檐，随椽隔间用。

乌头门上如意牙头，每长五寸；难子、贴络牙脚、牌带签面并福、破子窗填心、水槽底版、胡梯促踏版、帐上山华贴及福、角脊、瓦口、转轮经藏钿面版之类同；帐及经藏签面版等，隔榥用；帐上合角并山华络牙脚、帐头福，用二枚。

钩窗槛面搏肘，每长七寸；

乌头门并格子签子桯，每长一尺；格子等搏肘版、引檐，不用；门簪、鸡栖、平棊、梁抹瓣、方井亭等搏风版、地棚地面版、帐、经藏仰托榥、帐上混肚方、牙脚帐压青牙子、壁藏斗槽版、签面之类同；其裹栿，随水路两边，各用。

破子窗签子桯，每长一尺五寸；

签平棊桯，每长二尺；帐上槫同。

藻井背版，每广二寸，两边各用；

水槽底版罨头，每广三寸；

帐上明金版，每广四寸；帐、经藏压瓦版，随椽隔间用。

随福签门版，每广五寸；帐并经藏坐面，随榥背版；井亭厦瓦版，随椽隔间用，其山版，用二枚。

平棊背版，每广六寸；签角蝉版，两边各用。

帐上山华蕉叶，每广八寸；牙脚帐随榥钉，顶版同。

帐上坐面版，随棍每广一尺；

铺作，每枓一只；

帐并经藏车槽等涩，子涩、腰华版，每瓣；壁藏坐壶门、牙头同；车槽坐腰面等涩、背版，隔瓣用；明金版，隔瓣用二枚。

右各一枚。

乌头门抢柱，每一条；独扇门等伏兔、手拴、承拐楅同；门簪、鸡栖、立牌牙子、平綦护缝、斗四瓣方、帐上桩子、车槽等处卧棍、方子、壁帐、马衔、填心、转轮经藏辋、颊子之类同。

护缝，每长一尺；井亭等脊、角梁、帐上仰阳、隔枓贴之类同。

右各二枚。

七尺以下门楅，每一条；垂鱼、钉榑头版、引檐跳椽、钩阑华托柱、叉子、马衔、井亭子搏脊、帐并经藏腰檐抹角栿、曲剜椽子之类同。

露篱上屋版，随山子版，每一缝；

右各二枚。

七尺至一丈九尺门楅，每一条，四枚。平綦楅、小平綦枓槽版、横钤，立旌、版门等伏兔、榑柱、日月版、帐上角梁、随间栿、牙脚帐格棍，经藏井口棍之类同。

二丈以上门楅，每一条，五枚。随圜桥子上促踏版之类同。

斗四并井亭子上枓槽版，每一条；帐带、猴面棍、山华蕉叶钥匙头之类同。

帐上腰檐鼓作、山华蕉叶枓槽版，每一间；

右各六枚。

截间格子榑柱，每一条，一十二枚。上面八枚，下面四枚。

斗八上料槽版，每片，一十枚。

小斗四、斗八、平棊上并钩阑、门窗、雁翅版、帐并壁藏天宫楼阁之类，随宜计数。

雕木作：

宝床，每长五寸；脚并事件，每件三枚。

云盆，每长五寸；

右各一枚。

角神安脚，每一只；膝窠，四枚；带，五枚；安钉，每身六枚。

扛坐神，力士同。每一身；

华版，每一片；每通长造者，每一尺一枚；其华头系贴钉者，每朵一枚；若一寸以上，加一枚。

虚柱，每一条钉卯；

右各二枚。

混做真人、童子之类，高二尺以上，每一身；二尺以下，二枚。

柱头、人物之类，径四寸以上，每一件；如三寸以下，一枚。

宝藏神臂膊，每一只；腿脚，四枚；襜，二枚；带，五枚；每一身安钉，六枚。

鹤子腿，每一只；每翅，四枚；尾，每一段，一枚；如施于华表柱头者，加脚钉，每只四枚。

龙、凤之类，接搭造，每一缝；缠柱者，加一枚；如全身作浮动者，每长一尺又加二枚；每长增五寸，加一枚。

应贴络，每一件；以一尺为率，每增减五寸，各加减一枚，减至二寸止。

椽头盘子，径六寸至一尺，每一个；径五寸以下，三枚。

右各三枚。

竹作：

雀眼网贴，每长二尺，一枚。

压竹笆，每方一丈，三枚。

瓦作：

滴当子嫔伽，甋瓦华头同。每一只；

燕颔或牙子版，每二尺；

右各一枚。

月版，每段，每广八寸，二枚。

套兽，每一只，三枚。

结宽铺作系转角处者，每方一丈，四枚。

泥作：

沙泥画壁披麻，每方一丈，五枚。

造泥假山，每方一丈，三十枚。

砖作：

井盘版，每一片，三枚。

【译文】大木作：

连檐，随飞子椽头，每一条（营房隔间与此相同）；

大角梁，每一条（续角梁，用钉二枚；子角梁，用钉三枚）；

托槫，每一条；

生头，每长度为一尺（搏风版与此相同）；

搏风版，每长度为一尺五寸；

横抹，每长度为二尺；

以上分别用钉一枚。

飞子，每一枚（襻槫与此相同）；

遮椽版，每长度为三尺，双使（难子，每长度为五寸，用钉一枚）；

白版，每方一尺；

槫、枓，每一只；

隔减，每一出入角（襻，每条与之相同）；

以上分别用钉二枚。

椽，每一条（上架用钉三枚，下架用钉一枚）；

平暗版，每一片；

柱櫍，每一只；

以上分别用钉四枚。

小木作：

门道立、卧柣，每一条（平棊华、露篱、帐、经藏猴面等榥与之相同；帐上透栓、卧榥，隔缝与之相同；井亭大连檐，根据椽隔间而用）；

乌头门上的如意牙头，每长度为五寸（难子、贴络牙脚、牌带签面并福、破子窗填心、水槽底版、胡梯促踏版、帐上山华贴及福、角脊、瓦口、转轮经藏钿面版等都与此相同；帐及经藏签面版等，根据隔榥而用；帐上合角和山华贴牙脚、帐头福，用钉二枚）；

钩窗槛面搏肘，每长度为七寸；

乌头门井格子签子桯，每长度为一尺（格子等搏肘版、引檐，无需用钉；门簪、鸡栖、平棊、梁抹瓣、方井亭等搏风版、地棚地面版、帐、经藏仰托榥、帐上混肚方、牙脚帐压青牙子、壁藏斗槽版、签面等都与此相同；其裹栿，根据水路两边，分别用钉）；

破子窗签子桯，每长度为一尺五寸；

签平棊桯，每长度为二尺（帐上槫与此相同）；

藻井背版，每宽度为二寸，两边分别用钉；

水槽底版罨头，每宽度为三寸；

帐上明金版，每宽度为四寸（帐、经藏压瓦版，根据椽隔间而用）；

随槅签门版，每宽度为五寸（帐井经藏坐面，根据榥背版而用；井亭厦瓦版，根据椽隔间而用，其山版，用钉二枚）；

平棊背版，每宽度为六寸（签角蝉版，两边分别用钉）；

帐上山华蕉叶，每宽度为八寸（牙脚帐根据榥钉而用，顶版与此相同）；

帐上坐面版，随榥每宽度为一尺；

铺作，每料一只；

帐并经藏车槽等涩，子涩、腰华版，每瓣（壁藏的坐壶门、牙头与此相同；车槽坐腰面等涩、背版，随隔瓣而用；明金版，隔瓣用钉二枚）；

以上分别用钉一枚。

乌头门抢柱，每一条（独扇门等伏兔、手拴、承拐槅都与此相同；门簪、鸡栖、立牌牙子、平棊护缝、斗四瓣方、帐上桩子、车槽等处卧榥、方子、壁帐、马衔、填心、转轮经藏辋、颊子等都与此相同）；

护缝，每长度为一尺（井亭等脊、角梁、帐上仰阳、隔料贴等都与此相同）；

以上分别用钉二枚。

七尺以下的门槅，每一条（垂鱼、钉榑头版、引檐跳椽、钩阑华托柱、叉子、马衔、井亭子搏脊、帐并经藏腰檐抹角栿、曲剜椽子等都与此相同）；

露篱上屋版，随山子版而用，每一缝；

右分别用钉二枚。

七尺到一丈九尺的门槅，每一条，用钉四枚（平棊槅、小平棊料槽版、横钤，立旌、版门等伏兔、榑柱、日月版、帐上角梁、随间栿、牙脚帐格榥、经藏井口榥等都与此相同）。

二丈以上的门槅，每一条，用钉五枚（随圜桥子上促踏版等与此相同）。

斗四和井亭子上料槽版，每一条（帐带、猴面榥、山华蕉叶钥匙头等与此相同）；

帐上腰檐鼓作、山华蕉叶料槽版，每一间；

以上分别用钉六枚。

截间格子槫柱，每一条，用钉十二枚（上面用钉八枚，下面用钉四枚）。

斗八上科槽版，每片，用钉十枚。

小斗四、斗八、平棊上和钩阑、门窗、雁翅版、帐及壁藏天宫楼阁等，根据实际情况来计算用钉数量。

雕木作：

宝床，每长度为五寸（脚等构件，每件用钉三枚）；

云盆，每长度为五寸；

以上分别用钉一枚。

角神安脚，每一只（膝窠，用钉四枚；带，用钉五枚；安钉，每身用钉六枚）；

扛坐神（力士与此相同），每一身；

华版，每一片（每通长造的，每一尺需用钉一枚；其华头有贴钉的，每朵需用钉一枚；要是在一寸以上，则加钉一枚）；

虚柱，每一条钉卯；

以上分别用钉二枚。

混做真人、童子等，高二尺以上的，每一身；（高二尺以下的，用钉二枚；）

柱头、人物等，径在四寸以上的，每一件（要是在三寸以下的，用钉一枚）；

宝藏神臂膊，每一只（腿脚，需用钉四枚；襜，需用钉二枚；带，需用钉五枚；每一身安钉，需用钉六枚）；

鹤子腿，每一只（每翅，需用钉四枚；尾，每一段，需用钉一枚；要是装钉在华表柱头上，需加脚钉，每只用钉四枚）；

龙、凤等，用接搭的方式，每一缝（缠柱的，需加钉一枚；要是全身作浮动的，每长度为一尺另加钉二枚；每增长五寸，需加钉一枚）；

应贴络，每一件（以一尺为标准，每增加或减少五寸，则分别增加或减少一枚钉，减到二寸为止）；

椽头盘子，径为六寸到一尺，每一个（径在五寸以下的，需用钉三枚）；

以上分别用钉三枚。

竹作：

雀眼网贴，每长度为二尺，用钉一枚。

压竹笆，每方长一丈，用钉三枚。

瓦作：

滴当子嫔伽（甋瓦华头与此相同），每一只；

燕颔或牙子版，每长度为二尺；

以上分别用钉一枚。

月版，每段，每宽度为八寸，用钉二枚。

套兽，每一只，用钉三枚。

结宽铺作属于转角处，每方长一丈，用钉四枚。

泥作：

沙泥画壁披麻，每方长一丈，用钉五枚。

筑造假山，每方长一丈，用钉三十枚。

砖作：

井盘版，每一片，用钉三枚。

通用钉料例

每一枚：

葱台头钉，长一尺二寸，盖下方五分，重一十一两；长一尺一寸，盖下方四分八厘，重一十两一分；长一尺，盖下方四分六厘，重八两五钱。

猴头钉，长九寸，盖下方四分，重五两三钱；长八寸，盖下方三分八厘，重四两八钱。

卷盖钉，长七寸，盖下方三分五厘，重三两；长六寸，盖下方三分，重二两；长五寸，盖下方二分五厘，重一两四钱；长四寸，盖下方二分，重七钱。

圜盖钉，长五寸，盖下方二分三厘，重一两二钱；长三寸五分，盖下方一分八厘，重六钱五分；长三寸，盖下方一分六厘，重三钱五分。

拐盖钉，长二寸五分，盖下方一分四厘，重二钱二分五厘；长二寸，盖下方一分二厘，重一钱五分，长一寸三分，盖下方一分，重一钱；长一寸，盖下方八厘，重五分。

葱台长钉，长一尺，头长四寸，脚长六寸，重三两六钱；长八寸，头长三寸，脚长五寸，重二两三钱五分；长六寸，头长二寸，脚长四寸，重一两一钱。

两入钉，长五寸，中心方二分二厘，重六钱七分；长四寸，中心方二分，重四钱三分；长三寸，中心方一分八厘，重二钱七分；长二寸，中心方一分五厘，重一钱二分；长一寸五分，中心方一分，重八分。

卷叶钉，长八分，重一分，每一百枚重一两。

【译文】每一枚：

葱台头钉，长一尺二寸的，钉盖部分长五分，重十一两；长一尺一寸的，钉盖部分长四分八厘，重十两一分；长一尺的，钉盖部分长四分六厘，重八两五钱。

猴头钉，长九寸的，钉盖部分长四分，重五两三钱；长八寸的，钉盖部分长三分八厘，重四两八钱。

卷盖钉，长七寸的，钉盖部分长三分五厘，重三两；长六寸的，钉盖部分长三分，重二两；长五寸的，钉盖部分长二分五厘，重一两四钱；长四寸的，钉盖部分长二分，重七钱。

圜盖钉，长五寸的，钉盖部分长二分三厘，重一两二钱；长三寸五分的，钉盖部分长一分八厘，重六钱五分；长三寸的，钉盖部分长一分六厘，重三钱五分。

拐盖钉，长二寸五分的，钉盖部分长一分四厘，重二钱二分五厘；长二寸的，钉盖部分长一分二厘，重一钱五分；长一寸三分的，钉盖部分长一分，重一钱；长一寸的，钉盖部分长八厘，重五分。

葱台长钉，长一尺的，钉头长四寸，钉脚长六寸，重三两六钱；长八寸的，钉头长三寸，钉脚长五寸，重二两三钱五分；长六寸的，钉头长二寸，钉脚长四寸，重一两一钱。

两入钉，长五寸的，中心方长为二分二厘，重六钱七分；长四寸的，中心方长为二分，重四钱三分；长三寸的，中心方长为一分八厘，重二钱七分；长二寸的，中心方长为一分五厘，重一钱二分；长一寸五分的，中心方长为一分，重八分。

卷叶钉，长八分的，重一分，每一百枚的重量为一两。

诸作用胶料例

小木作：雕木作同。

每方一尺：入细生活，十分中三分用鳔；每胶一斤，用木札二斤煎；下准此。

缝，二两。

卯，一两五钱。

瓦作：

应使墨煤；每一斤用一两。

泥作：

应使墨煤；每一十一两用七钱。

彩画作：

应使颜色每一斤，用下项：挞暗在内。

土朱，七两；

黄丹：五两；

墨煤，四两；

雌黄，三两；土黄、淀、常使朱红、大青绿、梓州熟大青绿、二青绿、定粉、深朱红、常使紫粉同。

石灰，二两。白土、生二青绿、青绿华同。

合色：

朱；

绿；

右各四两。

绿华，青华同。二两五钱。

红粉；

紫檀；

右各二两。

草色：

绿，四两。

深绿，深青同。三两。

绿华，青华同。

红粉；

右各二两五钱。

衬金粉，三两。用鳔。

煎合桐油，每一斤，用四钱。

砖作：

应用墨煤，每一斤，用八两。

【译文】小木作的用胶情况（雕木作与此相同）：

每方长一尺（精细的工艺，十分中有三分用到鳔；每用一斤胶，需用二斤木札煎熬；以下都以此为标准）：

缝，需用胶二两。

卯，需用胶一两五钱。

瓦作的用胶情况：

所使用的墨煤；每一斤需用胶一两。

泥作的用胶情况：

所使用的墨煤，每十一两需用胶七钱。

彩画作的用胶情况：

所使用的颜色每一斤，用胶量按照以下规定：包括拢暗在内。

土朱，需用胶七两；

黄丹，需用胶五两；

墨煤，需用胶四两；

雌黄，需用胶三两（土黄、淀、常使朱红、大青绿、梓州熟大青绿、二青绿、定粉、深朱红、常使紫粉都与此相同）；

石灰，需用胶二两（白土、生二青绿、青绿华都与此相同）。

合色的用胶情况：

朱；

绿；

以上各用胶四两。

绿华（青华与此相同），需用胶二两五钱。

红粉；

紫檀；

以上各用胶二两。

草色的用胶情况：

绿，需用胶四两。

深绿（深青与此相同），需用胶三两。

绿华（青华与此相同），

红粉；

以上各用胶二两五钱。

衬金粉，需用胶三两（用鳔）。

煎合桐油，每一斤，需用胶四钱。

应用墨煤，每一斤，用八两。

砖作的用胶情况：

所使用的墨煤，每一斤，需用胶八两。

诸作等第

石作：

镌刻混作剔地起突及压地隐起华或平钑华。混作，谓螭头或钩阑之类。

右为上等。

柱础，素覆盆；阶基望柱、门砧、流杯之类，应素造者同。

地面；踏道、地栿同。

碑身；笏头及坐同。

露明斧刃卷輂水窗；

水槽。井口，井盖同。

右为中等。

钩阑下螭子石；暗柱碇同。

卷輂水窗拽后底版。山棚鋜脚同。

右为下等。

大木作：

铺作枓栱；角梁、昂、杪、月梁，同。

绞割展拽地架。

右为上等。

铺作所用槫、柱、栿、额之类，并安椽；

枓口跳，绞泥道栱或安侧项方及用把头栱者，同。所用枓栱。华驼峰、楷子、大连檐、飞子之类，同。

右为中等。

枓口跳以下所用槫、柱、栿、额之类，并安椽；

凡平闇内所用草架栿之类。谓不事造者；其枓口跳以下所用素驼峰、楷子、小连檐之类，同。

右为下等。

小木作：

版门、牙、缝、透栓、垒肘造；

格子门；阑槛钩窗同。

球文格子眼；四直方格眼，出线，自一混，四撺尖以上造者，同。

桯，出线造；

斗八藻井；小斗八藻井同。

叉子；内霞子、望柱、地栿、衮砧，随本等造；下同。

棂子，马衔同。海石榴头，其身，瓣内单混、面上出心线以上造；

串，瓣内单混、出线以上造；

重台钩阑；井亭子并胡梯，同。

牌带贴络雕华；

佛、道帐。牙脚、九脊、壁帐、转轮经藏、壁藏，同。

右为上等。

乌头门；软门及版门、牙、缝，同。

破子窗；井屋子同。

格子门：平棊及阑槛钩窗同。

格子，方绞眼，平出线或不出线造；

桯，方直、破瓣、撺尖；素通混或压边线造，同。

栱眼壁版；裹栿版、五尺以上垂鱼、惹草，同。

照壁版，合版造；障日版同。

搟帘竿，六混以上造；

叉子：

棂子，云头、方直出心线或出边线、压白造；

串，侧面出心线或压白造；

单钩阑，撮项蜀柱、云栱造。素牌及棵笼子，六瓣或八瓣造，同。

右为中等。

版门，直缝造；版棂窗、睒电窗，同。

截间版帐；照壁障日版，牙头、护缝造，并屏风骨子及横钤、立旌之类同。

版引檐；地棚并五尺以下垂鱼、惹草，同。

擗帘竿，通混、破瓣造；

叉子；拒马叉子同。

棂子，挑瓣云头或方直笏头造；

串，破瓣造；托枨或曲枨，同。

单钩阑，枓子蜀柱、蜻蜓头造。棵笼子，四瓣造，同。

右为下等。

凡安卓，上等门、窗之类为中等，中等以下并为下等。其门并版壁、格子，以方一丈为率，于计定造作功限内，以加功二分作下等。每增减一尺，各加减一分功。乌头门比版门合得下等功限加倍。破子窗，以六尺为率，于计定功限内，以五分功作下等功。每增减一尺，各加减五厘功。

雕木作：

混作：

角神；宝藏神同。

华牌，浮动神仙、飞仙、升龙、飞凤之类；

柱头，或带仰覆莲荷，台坐造龙、凤、狮子之类；

帐上缠柱龙；缠宝山或牙鱼，或间华；并扛坐神、力士、龙尾、嫔伽，同。

半混：

雕插及贴络写生牡丹华、龙、凤、狮子之类；

宝床事件同；

牌头，带，舌同。华版；

椽头盘子，龙、凤或写生华；钩阑寻杖头同。

槛面、钩阑同。云栱，鹅项、矮柱、地霞、华盆之类同；中、下等准此。剔地起突，二卷或一卷造；

平綦内盘子，剔地云子间起突雕华、龙、凤之类；海眼版、水地间海鱼等，同。

华版：

海石榴或尖叶牡丹，或写生，或宝相，或莲荷；帐上欢门、车槽、猴面等华版及裹栿、障水、填心版、格子、版壁腰内所用华版之类，同；中等准此。

剔地起突，卷搭造；透突起突造同。

透突洼叶间龙、凤、狮子、化生之类；

长生草或双头蕙草，透突龙、凤、狮子、化生之类。

右为上等。

混作帐上鸱尾；兽头、套兽、蹲兽，同。

半混：

贴络鸳鸯、羊、鹿之类；平綦内角蝉井华之类同。

槛面、钩阑同。云栱、洼叶平雕；

垂鱼、惹草，间云、鹤之类；立标手把飞鱼同。

华版，透突洼叶平雕长生草或双头蕙草，透突平雕或剔地间鸳鸯、羊、鹿之类。

右为中等。

半混：

贴络香草、山子、云霞；

槛面：钩阑同。

云栱，实云头；

万字、钩片，剔地；

叉子，云头或双云头；

鋜脚壸门版，帐带同。造实结带或透突华叶；

垂鱼、惹草，实云头；

团窠莲华；伏兔莲荷及帐上山华蕉叶版之类，同。

球文格子，挑白。

右为下等。

旋作：

宝床上所用名件；搘角梁、宝瓶、栌铃，同。

右为上等。

宝柱：莲华柱顶、虚柱莲华并头瓣，同。

火珠：滴当子、椽头盘子、仰覆莲胡桃子、葱台钉并钉盖筒子，同。

右为中等。

栌料；

门盘浮沤。瓦头子、钱子之类，同。

右为下等。

竹作：

织细棊文簟，间龙、凤或华样。

右为上等。

织细棊文素簟；

织雀眼网，间龙、凤、人物或华样。

右为中等。

织粗簟，假棊文簟同。

织素雀眼网；

织笆，编道竹栅，打篛、笍索、夹载盖棚，同。

右为下等。

瓦作：

结宽殿阁、楼台；

安卓鸱、兽事件；

斫事琉璃瓦口。

右为上等。

瓶瓦结宽厅堂、廊屋；用大当沟、散瓪瓦结宽、摊钉行垄同。

斫事大当沟。开剜燕颔、牙子版，同。

右为中等。

散瓪瓦结宽；

斫事小当沟并线道、条子瓦；

抹栈、笆、箔。混染黑脊、白道、系箔、并织造泥篮，同。

右为下等。

泥作：

用红灰；黄、白灰同。

沙泥画壁；被篾，披麻同。

垒造锅镬灶；烧钱炉、茶炉同。

垒假山。壁隐山子同。

右为上等。

用破灰泥；

垒坯墙。

右为中等。

细泥；粗泥并搭乍中泥作衬同。

织造泥篮。

右为下等。

彩画作：

五彩装饰；间用金同。

青绿碾玉。

右为上等。

青绿棱间；

解绿赤、白及结华；画松文同。

柱头，脚及槫画束锦。

右为中等。

丹粉赤白；刷土黄同。

刷门、窗。版壁、叉子、钩阑之类，同。

右为下等。

砖作：

镌华；

垒砌象眼、踏道。须弥华台坐同。

右为上等。

垒砌平阶、地面之类；谓用斫磨砖者。

斫事方、条砖。

右为中等。

垒砌粗台阶之类；谓用不斫磨砖者；

卷輂、河渠之类。

右为下等。

窑作：

鸱、兽；行龙、飞凤、走兽之类，同。

火珠。角珠、滴当子之类，同。

右为上等。

瓦坯：粘绞并造华头，拨重唇，同。

造琉璃瓦之类；

烧变砖、瓦之类。

右为中等。

砖坯：

装窑。垒葊窑同。

右为下等。

【**译文**】石作的等级：

镌刻混作剔地起突、压地隐起花和平钑花（混作，即对螭头或钩阑等构件）。

以上均为上等。

柱础，素覆盆（阶基望柱、门砧、流杯等，所有不做雕饰的构件均与此相同）；

地面（踏道、地栿与此相同）；

碑身（笏头及座与此相同）；

露明斧刃卷輂水窗；

水槽（井口、井盖与此相同）。

以上均为中等。

钩阑下螭子石（暗柱碇与此相同）；

卷輂水窗拽后底版（山棚鋜脚与此相同）。

以上均为下等。

大木作的等级：

铺作枓栱（角梁、昂、杪、月梁，都与此相同）；

绞割展拽地架。

以上均为上等。

铺作所用槫、柱、栿、额等，安椽也包含在内；

枓口跳（绞泥道拱或安侧项方以及用把头栱的构件，都与此相同），所用到的枓栱（华驼峰、楷子、大连檐、飞子等，都与此相同）。

以上均为中等。

枓口跳以下所使用的槫、柱、栿、额等构件，安椽也包括在内；

但凡平暗内所使用的草架栿等（这里是指没有精致加工的构件；其枓口跳以下所使用的素驼峰、楷子、小连檐等，都与此相同）；

以上均为下等。

小木作的等级：

做版门、牙、缝、透栓、垒肘；

格子门（阑槛钩窗与此相同）；

球文格子眼（四直方格眼，出线，自一混，四撺尖以上工艺制作而成，与此相同）；

桯，以出线的工艺制作而成；

斗八藻井（小斗八藻井与此相同）；

叉子（内霞子、望柱、地栿、衮砧，随木等工艺制作；以下与此相同）；

棂子（马衔与此相同），海石榴头，其身，瓣内单混、面上出心线以上工艺制作而成；

串，瓣内单混、出线以上工艺制作而成；

重台钩阑（井亭子和胡梯，与此相同）；

牌带贴络雕花；

佛、道帐（牙脚、九脊、壁帐、转轮经藏、壁藏，都与此相同）。

以上均为上等。

乌头门（软门和版门、牙、缝，都与此相同）；

破子窗（井屋子与此相同）；

格子门（平綦和阑槛钩窗与此相同）：

格子，方绞眼，以平出线或不出线的方式制作而成；

桯，方直、破瓣、撺尖（以素通混或者压边线的方式制作而成，与此相同）；

栱眼壁版（裹栿版、五尺以上垂鱼、惹草，与此相同）；

做照壁版、合版（障日版与此相同）；

擗帘竿，以六混以上的方式制作而成；

叉子：

棂子，云头、方直出心线或者出边线、压白的方式制作而成；

串，侧面出心线或者压白的方式制作而成；

单钩阑，撮项蜀柱、云栱的方式制作而成（素牌和棵笼子，以六瓣或者八瓣的方式制作而成，与此相同）。

以上均为中等。

版门，以直缝的方式制作而成（版棂窗、睒电窗，与此相同）；

截间版帐（照壁障日版，以牙头、护缝的方式制作而成，连同屏风骨子和横钤、立旌等都与此相同）；

版引檐（地棚以及五尺以下的垂鱼、惹草，与此相同）；

搧帘竿，以通混、破瓣的方式制作而成；

叉子（拒马叉子与此相同）：

棂子，以挑瓣云头或方直笏头的方式制作而成；

串，以破瓣的方式制作而成（托枨或者曲枨，与此相同）；

单钩阑，以料子蜀柱、蜻蜓头的方式制作而成（棵笼子，以四瓣的形式制作而成，与此相同）。

以上均为下等。

但凡是安装，上等门、窗等都为中等，中等以下的一律是下等。其门并版壁、格子，把方长一丈定为标准，在计划规定的制作功限内，将另加功二分作为下等（每增减一尺，则分别增减一分功。乌头门比版门合得下等功限需加倍）。破子窗，把六尺定为标准，在计划规定的制作功限内，将五分功作为下等功（每增减一尺，则分别增减五厘功）。

雕木作的等级：

混作的构件：

角神（宝藏神与此相同）；

华牌，浮动神仙、飞仙、升龙、飞凤等；

柱头，或者带仰覆莲荷，台座上雕刻龙、凤、狮子等；

帐上做缠柱龙（缠宝山或者牙鱼，或者其间有花饰；以及扛坐神、力士、龙尾、嫔伽，都与此相同）；

半混的构件：

雕插以及贴络写生牡丹花、龙、凤、狮子等；

宝床的制作与此相同；

牌头（带、舌与此相同），华版；

椽头盘子，龙、凤或者写生花（钩阑寻杖头与此相同）；

槛面（钩阑与此相同）、云栱（鹅项、矮柱、地霞、花盆等都与此相同；中、下等也都以此为准），剔地起突，以二卷或者一卷的形式制作而成；

平棊内盘子，剔地云子间有起突雕花、龙、凤等（海眼版、水地间有海鱼等，与此相同）；

华版：

海石榴或者尖叶牡丹，或者写生，或者宝相，或者莲荷（帐上欢门、车槽、猴面等华版以及裹栿、障水、填心版、格子、版壁腰内所用华版等，都与此相同；中等也以此为准）；

剔地起突，以卷搭的形式制作而成（透突起突的形式与此相同）；

透突洼叶间有龙、凤、狮子、化生等；

长生草或者双头蕙草，透突龙、凤、狮子、化生等。

以上均为上等。

混作中的帐上鸱尾（兽头、套兽、蹲兽，都与此相同）；

半混的构件：

贴络鸳鸯、羊、鹿等（平棊内角蝉井花等与此相同）；

槛面（钩阑与此相同）、云栱、洼叶平雕；

垂鱼、惹草，其间雕刻云、鹤等（立棇手把飞鱼与此相同）；

华版，透突洼叶平雕长生草或者双头蕙草，透突平雕或者剔地间雕刻鸳鸯、羊、鹿等。以上均为中等。

半混的构件：

贴络香草、山子、云霞；

槛面（钩阑与此相同）：

云栱，实云头；

万字、钩片，剔地；

叉子，云头或者双云头；

鋜脚壶门版（帐带与此相同），做成实结带或者透突花叶；

垂鱼、惹草，实云头；

团窠莲花（伏兔莲荷以及帐上山花蕉叶版等，与此相同）；

球文格子，挑白。

以上均为下等。

旋作的等级：

宝床上所使用的构件（搘角梁、宝瓶、栌铃，都与此相同）：

以上均为上等。

宝柱（莲花柱顶、虚柱莲花并头瓣，与此相同）：

火珠（滴当子、椽头盘子、仰覆莲胡桃子、葱台钉和钉盖筒子，都与此相同）：

以上均为中等。

栌料；

门盘浮沤（瓦头子，钱子等，与此相同）。

以上为下等。

竹作的等级：

织细棊文簟，其间雕刻龙、凤或者花样。

以上为上等。

织细棊文素簟；

织雀眼网，其间雕刻龙、凤、人物或者花样。

以上均为中等。

织粗簟（假棊文簟与此相同），

织素雀眼网；

织笆（编道竹栅，打篡、苪索、夹载盖棚，都与此相同）；

以上均为下等。

瓦作的等级：

结宽殿阁、楼台；

安装卓鸱、兽等构件；

加工琉璃瓦口。

以上均为上等。

甋瓦结宽厅堂、廊屋（用大当沟、散瓪瓦结宽、摊钉行垄与此相同）；

加工大当沟（开剜燕颔、牙子版，与此相同）。

以上均为中等。

散瓪瓦结宽；

加工小当沟并线道、条子瓦；

涂抹栈、笆、箔（泥染黑脊、白道、系箔，和织造泥篮，都与此相同）。

以上均为下等。

泥作的等级：

用红灰（黄、白灰与此相同）；

沙泥画壁（被篾，披麻与此相同）；

垒砌锅镬灶（烧钱炉、茶炉与此相同）；

垒砌假山（壁隐山子与此相同）。

以上均为上等。

用破灰泥；

垒砌坯墙。

以上均为中等。

细泥（同粗泥搅拌成中泥作衬底与此相同）；

编织泥篮。

以上均为下等。

彩画作的等级：

五彩装饰（中间掺杂金色涂饰的使用与此相同）；

青绿碾玉。

以上均为上等。

青绿棱间；

解绿赤、白及结花（画松文与此相同）；

柱头，脚及槫画束锦。

以上均为中等。

丹粉赤白（刷土黄与此相同）；

刷门、窗（版壁、叉子、钩阑等，与此相同）。

以上均为下等。

砖作的等级：

镌花；

垒砌象眼、踏道（须弥华台座与此相同）。

以上均为上等。

垒砌平阶、地面等（这里指的是用斫磨砖）；

加工方砖、条砖。

以上均为中等。

垒砌粗台阶等；这里指的是不用斫磨砖；

卷辇、河渠等。

以上均为下等。

窑作的等级：

鸱、兽（行龙、飞凤、走兽等，与此相同）；

火珠（角珠、滴当子等，与此相同）。

以上均为上等。

瓦坯（粘绞及做花头，拨重唇，与此相同）：

做琉璃瓦等；

烧变砖、瓦等。

以上均为中等。

砖坯：

装窑（垒拳窑与此相同）。

以上属于下等。

附录一　李诫传

阚　铎

李诫，字明仲，郑州管城县人。曾祖惟寅，尚书虞部员外郎，赠金紫光禄大夫。祖惇裕，尚书祠部员外郎、秘阁校理，赠司徒。父南公，傅冲益《李诫墓志铭》。字楚老，进士及第。神宗时，累官户部尚书，历知永兴军、成都、真定、河南府郑州，擢龙图阁直学士。为吏六十年，干局明锐。《宋史·李南公传》。大观□年疾病，赐子诫告归，许挟国医以行。及卒，赠左正议大夫。兄譓，《墓志铭》。字智甫，绍圣间，知章丘县，累任鄜延帅，徙永兴。《宋史·李南公传》。大观四年二月，官龙图阁直学士对垂拱。《墓志铭》。后历数郡，卒。《宋史·李南公传》。

元丰八年，哲宗登大位，父南公时为河北转运副使，遣诫封表致方物，恩补郊社斋郎。《墓志铭》。《宋史·职官志》及《选举志》：大臣子弟荫官，初试郊祀斋郎，年逾二十始补官。调曹州济阴县尉。济阴故盗区，诫至则练卒除器，明赏罚，广方略，得剧贼十人，县以清净，迁承务郎。元祐七年，以承奉郎为将作监主簿。绍圣三年，以承事郎将作监丞。元符中，建五王邸。成，迁宣义郎。于是官将作者且八年。崇宁元年，以宣德郎将作少监。二年冬，请外以便养。以通直郎京西转运判官。不数月，复召入将作，为少监。辟雍成，迁将作监。再入将作者，又五年。其迁奉议郎以尚书省，其迁承议郎以龙德宫、棣华宅，其迁朝奉郎赐五品服以朱雀门，其迁朝奉大夫以景龙门、九成殿，其迁朝散大夫以开封府廨，其迁右朝议大夫赐三品服以修奉太庙，其迁中散大夫以钦慈太后佛寺成。大抵自承务郎至中散大夫凡十六等。其以吏部年格迁者，七官而已。元符中，官将作，建五王邸成。其考工庀事，必究利害，坚窳之制、堂构之方，与绳墨之运，皆已了然于心，遂被旨著《营造法式》。书成，诏颁之天下。《墓志铭》。《营造法式·看详》：绍圣四年十一月二日奉敕，以元祐《营造法式》"只是料状，别无变造用材制度；其间工料太宽，关防无术"，敕诫重别编修。诫乃考究群书，并与人匠讲说，分明类例，以元符三年成书奏上。崇宁四年七月二十七日，宰相蔡京等进呈，库部员外郎姚舜仁请即国丙巳之地建明堂，绘图献上。上曰：先帝常欲之，有图在禁中。然考究未甚详，仍令将作监李诫同舜仁上殿。八月十六日，诫与姚舜仁进明堂图。杨仲良《续资治通鉴长编纪事本末》。

诫性孝友，乐善赴义，喜周人之急。丁父丧，上赐钱百万。诫曰：敦匠事，治穿具，力足以自竭。然上赐不敢辞，则以与浮屠氏，为其所谓释迦佛像者，以侈上恩而报罔极。服除，以中散大夫知虢州。狱有留系弥年者，诫以立谈判。大观四年二月壬申卒。吏民怀之，如久被其泽者。时方有旨趋召，其兄譓以上闻。徽宗嗟惜久之，诏别官其一子，葬于郑州管城县之梅山。

诫博学多艺能，家藏书数万卷，其手钞者数千卷，工篆、籀、隶、草，皆入能品。纂《重修朱雀门记》，以小篆书丹以进，有旨勒石朱雀门下。善画，得古人笔法。上闻之，遣中贵人谕旨。诫以《五马图》进，睿鉴称善。喜著书，有《续山海经》十卷、《续同姓名录》二卷、《琵琶录》三卷、《马经》三卷、《六博经》三卷、《古篆说文》十卷。《墓志铭》

案：李明仲起家门荫官将作者十余年，身立绍圣、元符文物全盛之朝，营国建国，职思其忧，奉敕重修《营造法式》，镂版海行，而绝学之延，遂能继往开来，为不朽之盛业。自余所著，如《续山海经》等书虽已亡佚，而覃精研思亦可概见。夫薄技片长，一经衍绎，靡不有薪尽火传之义。况审曲面执，智创巧述，皆圣人之作、士大夫之事乎？明仲迁官悉以资劳年格，盖一心营职，不屑诡随以希荣利。《宋史》囿于义例，斤斤于道器之分，不为立传，亦何所讥。彼梁师成、朱勔之徒，长恶逢君，列名佞幸，更不可同年而语矣。方科学昌明，各有条贯。明仲此书类例相从条章，具在官司，用为科律，匠作奉为准绳。其事其人，皆有裨于考镜。故剌取群书所纪事迹，汇而书之。论世知人，固不止怀铅握椠者心向往之也。乙丑十月，合肥阚铎。

附录二　宋李公墓志铭

傅冲益

大观四年二月丁丑，今龙图阁直学士李公謜对垂拱，上问弟诫所在，龙图言方以中散大夫知虢州。有旨趋召，后十日，龙图复奏事殿中，既以虢州不禄闻。上嗟惜久之，官其一子。公之卒，二月壬申也。越四月丙子，其孤葬公郑州管城县之梅山，从先尚书之茔。

公讳诫，字明仲，郑州管城县人。曾祖讳惟寅，故尚书虞部员外郎，赠金紫光禄大夫。祖讳惇裕，故尚书祠部员外郎秘阁校理，赠司徒。父讳南公，故龙图阁直士、大中大夫、左正议大夫。元丰八年，哲宗登大位，正议时为河北转运副使，以公奉表致方物，恩补郊社斋郎，调曹州济阴县尉。济阴故盗区。公至，则练卒除器，明购罚，广方略，得剧贼数十人，县以清净，迁承务郎。

元祐七年，以承奉郎为将作监主簿。绍圣三年，以承事郎为将作监丞。元符中，建五王邸。成，迁宣义郎。时公在将作且八年。其考工庀事，必究利害，坚窳之制、堂构之方，与绳墨之运，皆已了然于心，遂被旨著《营造法式》。书成，凡二十四卷，诏颁之天下。已而丁母安康郡夫人某氏丧。崇宁元年以宣德郎为将作少监。二年冬，请外以便养，以通直郎为京西转运判官。不数月，复召入将作，为少监。辟雍成，迁将作监。再入将作，又五年。其迁奉郎以尚书省，其迁承议郎以龙德宫、棣华宅，其迁朝奉郎赐五品服以朱雀门，其迁朝奉大夫以景龙门、九成殿，其迁朝散大夫以开封府廨，其迁右朝议大夫、赐三品服以修奉太庙，其迁中散大夫以钦慈太后佛寺成。大抵自承务郎至中散大夫凡十六等。其以吏部年格迁者，七官而已。

大观某年丁正议公丧。初正议疾病，公赐告归，又许挟国医以行。至是上特赐钱百万，公曰：敦匠事，治穿具，力足以自竭。然上不敢辞，则以与浮屠氏，为其所谓释迦佛像者，以侈上恩而报罔极云。服除，知虢州。狱有留系弥年者，公以立谈判。未几疾作，遂不起，吏民怀之，如久被其泽者，盖享年若干。

公资孝友，乐善赴义，喜周人之急。又博学，多艺能，家藏书数万卷，其手钞者数千卷。工篆、籀、草、隶，皆入能品。尝纂《重修朱雀门记》，以小篆书丹以进，有旨勒石朱雀门下。善画，得古人笔法。上闻之，遣中贵人谕旨，公以《五马图》进，睿鉴称善。公喜著书，有《续山海经》十卷、《续同姓名录》二卷、《琵琶录》三卷、《马经》三卷、《六博经》三卷、《古篆说文》十卷。

公配王氏，封奉国郡君。子男若干人，女若干人云云。

冲益观虞舜命九官而垂（拱），共工居其一畴，咨而后命之，盖其慎且重如此。诚以授法庶工，使栋宇器用不离于轨物，此岂小夫之所能知哉？及观周之《小雅·斯干》之诗，其言考室之盛，至于庭户之端、楹椽之美，且又嗟咏骞扬奂散之状，而实本宣王之德政。鲁僖公能复周公之宇作为寝庙，是断是度，是寻是尺，而奚斯授法于庶工。方绍圣、崇宁中，圣天子在上，政之流行，德之高远，然沛然山川，其侔大也。而后以先王之制，施之寝庙、官寺、栋宇之间。当是时，地不爱材，工献其巧。而公独膺垂奚斯之任者十有三年，以结睿知，致显位，所谓"君子攸宁，孔曼且硕"者，视宣王、僖公之世甚陋，而公实尸其劳，可谓盛矣。

冲益初为郑圃治中，始从公游。及代还京师，久困不得官。遇公领大匠，遂见取为属，寖以微劳窃资秩。公德是赖，既日夕后先熟公治身临政之美，泣而为铭。铭曰：

维仕慕君，不有其躬。何适非安，唯命之从。譬之庀材，唯匠之为。尔极而极，尔榱而榱。亦譬在镕，不谒而择。为利则断，为坚则击。垂在九官，世载厥贤。曰汝共工，没齿不迁。匪食之志，繄职则然。公为一尉，群盗斯得。公在将作，寝庙奕奕。为垂奚斯，以奂帝绩。仕无大小，必见其贤。无不自尽，以虔所天。帝以为能，世以为才。劳能实多，福禄具来。有生会终，公有贻宪。篆辞贞珉，尽力之劝。

右（墓）志铭在程俱《北山小集》中，注称为傅冲益作。傅乃诫之属吏。篇中于诫之字及傅自述称名处均书某，兹皆填明以便览者。惟《北山小集》宋刻以后传本绝希，此据归安姚（氏）咫进斋所藏钞本入，签注影宋讹字仍之，未敢臆改。绍圣误写绍兴则改正焉。按诫父南公《宋史》有传，兄譓亦附传而不及诫。又按杨仲良《续资治通鉴长编纪事本末》：崇宁四年七月二十七日，宰相蔡京等进呈，库部员外郎姚舜仁请即国丙己之地建明堂，绘图以献上。上曰：先帝常欲为之，有图见在禁示中。然考究未甚详，仍令作监李诫（诫亦误诚）同舜仁上殿。八月十六日，李诫、姚舜仁进《明堂图》。上谓诫等曰云云，录之备考。